KBS TV에 출연한 저자의 주택풍수 인테리어비법!

福이 들어오는 집
福이 나가는 집

정암 김종철의 주택풍수 이야기

집안에 우환이 자꾸 생기고 잘 풀리지 않는 사람에게 꼭 필요한

家宅, 빌딩, 아파트, 고급빌라 등의 家相學

늘푸른소나무

靜菴 金鍾喆

약력

1931年 江原道 原州 出生 / 河南 張龍得 先生 學問 傳受 / 韓國日報 文化 센타 (風水 硏究班 講師 10年)
東亞日報 文化 센타 (風水 講師 現在) / 中央 大學校 建設 大學院 (5年) / 淸州 西原 大學校 (1999년 風水 講師)
高麗 手指鍼 學會 (風水 講義 20年) / 社團法人 韓國 自然 地理 協會 理事

저서

1986年 明堂入門 出刊 / 1990年 明堂要決 出刊 / 1995年 명당 백문백답 出刊 / 1995年 明堂과 吉地 만화 出刊
1996年 실전 풍수 인테리어 1,2,3권 만화 출간 / 현재 일요 서울 주간일보 실용풍수 연재

복福이 들어오는 집
복福이 나가는 집

초판1쇄 찍은 날 | 2012년 5월 1일
초판1쇄 펴낸 날 | 2012년 5월 10일

지은이 | 金鍾喆
펴낸이 | 곽선구
펴낸곳 | 늘푸른소나무

출판등록 | 1997년11월3일 제 307-2011-67
주소 | 서울시 성북구 보문동7가 80-1
전화 | 02-3143-6763
팩스 | 02-3143-6742
이메일 | ksc6864@naver.com

ISBN 978-89-97558-03-2 13180

福이
들어오는 집

福이
나가는 집

머리말

저술된 내용

① 주택 풍수 인테리어는 양택풍수(陽宅風水)의 근본(根本)의 학문(學問)이다.

② 이 저서(著書)는 중국고서(中國古書)의 양택삼요결(陽宅三要訣)을 근간(根幹)하여 우리나라 모든 건축풍속(建築風俗)에 맞도록 오랜 세월에 걸쳐 연구된 학문(學問)이다.

③ 양택삼요결(陽宅三要訣)은 우리나라 궁궐(宮闕)을 비롯 각처 관공서 건물(官公署建物) 또는 높은 관직자들의 저택(邸宅)으로 시작하여 촌락의 가옥(家屋)에 이르기까지 삼요결방식(三要訣方式)에 따라 건축(建築)했던 것이다.

④ 우리나라는 눈부시게 산업발전(産業發展)에 따라 새로운 건축문화로 변했다. 그러나 양택삼요결(陽宅三要訣)의 학문공식(學問公式)은 천태만상(千態萬象)의 건물(建物)이라도 고,광,역(高,廣,力)의 기두법(起頭法)으로 복가(福家)와 흉가(凶家)를 정확히 판별(判別)할 수 있고 길흉화복(吉凶禍

福)을 알아낼 수 있는 발전된 가상학(家相學)이 저술(著述)
되었다.

⑤ 이 저서(著書)에 출제(出題)된 것은 주택(住宅)을 중심으
로 하여 아파트, 빌라, 대소(大小)빌딩, 공공건물, 공장건물
등으로 하여 길(吉)하고 흉(凶)한 것을 여러 가지로 해설하
였으니 앞으로 건축하는데 좋은 참작이 되었으면 하는 마음
간절합니다.

2012년 4월 25일

靜菴 金鍾喆

차 례

제 1 장

■

서론(序論)

1.명당택지(明堂宅地)와 가상법(家相法)

(1) 명당론(明堂論)

명당이란 좋은 집터들이 있어서 살기좋은 고장을 말한다.

옛날부터 우리 조상(祖上)들은 지리풍수학(地理風水學)을 숭상(崇尙)하며 오랜 세월에 걸쳐 아름다운 산천(山川)의 길지(吉地)를 찾아 아름답게 가꿔놓은 생활(生活)터전은 만세(萬世)에 유전(遺傳) 되어 간다.

명당길지(明堂宅地)는 대소도시(大小都市)와 촌락(村落)을 이루었으니, 학문적(學問的)으로 보아도 대소(大小)의 명당지역(明堂地域)이오 풍수지리(風水地理)의 진리(眞理)이라, 우리 모두는 길지선택(吉地選擇: 명당터)에 따라 인간(人間)의 흥망성쇠(興亡盛衰)와 부귀빈천(富貴貧賤)이 생기게 되는 것이다.

우리 인간(人間)은 풍수지리(風水地理) 자연(自然)을 벗어나서는 한시도 살 수 없는 게 진리(眞理)인즉, 우선(于先) 내가 살고 있는 환경(環境)을 살펴 보금자리인 가상(家相)을 바로 하는 것은 나의 안정(安靜)은 물론(勿論) 후손(後孫)의 장래(將來) 희망(希望)이 약속(約束)되는 자연(自然)의 진리(眞理)인 것이다.

다시 명당(明堂)의 정의(正義)를 말한다면 주산(主山)과 행룡(行龍)이 후부(厚富)하며 야산(野山)에 와서 양명(陽明)한 산(山)이 순행(順行)으로 나성(羅城: 산이 담장같이 둥글고 크게 이룬 것)을 이룬 보국내(保局內)에 결혈(結穴: 묘쓰는 명당)된 지점(地點)은 명혈(明穴)이라 하고 명혈이 되기 위하여 나성(羅城)을 이룬 보국내(保局內)를 명당지역(明堂地域)이라 하는 것이다.

위와 같이 명혈이 생기면 그 주위가 사람이 살 수 있는 집을 지을 수 있는 명당 터전이 되는 것이다.

(2) 명당택지(明堂宅地)란 어떤 곳인가?

보국형성(保局形成)된 산진처(山盡處)에 결혈(結穴)이 되면 바로 그 자리가 명혈(明穴)이오 또 그 자리에 집을 짓는다고 하면 바로 명당택지(明堂宅地)가 되는 것이다.

그래서 그 결혈지(結穴地)는 묘(墓)를 쓰기 보다는 동사택(東舍宅)이나 서사택(西舍宅)이든 배합사택(配合舍宅)으로 맞춰 안방이 혈중심(穴中心)에 위치(位置)하도록 길(吉)한 가상(家相)을 세운다면, 그 혈성정(穴性情)에 따른 발복(發福)이 가택(家宅)에 사는 가족(家族)에게 발복(發福)하는 것이니, 수(數) 10(代)를 살아도 그 발복(發福)이 변함없을 터이라 영구(永久)한 명당택지(明堂宅地)인 것이다.

양택(陽宅)의 명당택지(明堂宅地)도 주산(主山)과 내룡(來龍)의 기세력(氣勢力)도 보는 것이나, 천기지기(天氣地氣)의 조화(調和)를 위주(爲主)로 하는 것이라 국세(局勢)를 위주(爲主)로 해야 하는 것이다.

나성(羅城)을 이룬 보국형성(保局形成)의 자세(姿勢)로서 명당국세(明堂局勢)의 차등(差等)이 생기는 것이나, 대국세(大局勢)의 형성(形成)은 주세(主勢)가 태조산(太祖山)과 행룡(行龍)에 있는 것이다.

그러나 가옥(家屋)에는 가상법(家相法)이 있어서 동서사택(東西舍宅)의 구별(區別)이나 건물(建物)의 상(相), 구조(構造) 등의 길(吉)한 구성법(構成法)이 있으니 아무리 좋은 보국(保局)된 명당택지(明堂宅地)라도 가상법(家相法)에 맞지 않으면 흉가(凶家)가 되는 것이다.

• 양택(陽宅)의 가상법(家相法)이란 공기조화(空氣調和)를 조절(調節)하여 인체(人體)에 이로운 정기(精氣)로 변화(變化)시키는 데 있는 것이니, 동서사택 팔궁(東西舍宅 八宮: 주역 팔괘)에 배합사택(配合舍宅)은 복가이고 불배합사택(不配合舍宅)은 흉가를 뜻하는 구성법(構成法)이 되는 것이다.

(3) 길(吉)한 가상(家相)과 흉지역(凶地域)

음양택(陰陽宅)을 숭상(崇尙)하던 시절(時節)에는 혹 어린이가 병(病)이 나면 명문가(名門家)의 집을 찾아가 피병(避

病)을 하여 건강(健康)을 회복(恢復)하는 사례(事例)가 많았던 것이다.

그러나 지리자연(地理自然)의 뜻을 생각하지 않은 현대(現代)에는 설악산과 같은 깊은 산골이 조용하고 공기(空氣)가 맑다 하여 피병(避病)을 가니 죽음을 자초(自招)하는 격(格)이 된다. 설악산과 같은 곳이나 두메산골은 경치(景致)는 좋으나 일조량(日照量)이 부족하여 음곡자생살풍(陰谷自生殺風)을 맑은 공기(空氣)로 생각한다. 오래 살다보면 영리(穎異)한 머리를 가진 귀족(貴族)도 천골(賤骨)을 출생(出生)하게 되니 그제서야 흉(凶)한 지역(地域)임을 깨닫게 된다.

(4) 명당지역(明堂地域)의 길흉(吉凶)

우리나라는 금수강산(錦繡江山)이라 명당지역(明堂地域)이 많아 곳곳에서 귀(貴)한 인물(人物)이 태어난다.

명당(明堂)으로 이해(理解)하기 쉬운 지역(地域)을 이해하기 쉬운 곳의 실례(實例)를 들어 말한다면, 전남 진도(全南珍島)를 소개할 수 있다. 진도(珍島)는 산세(山勢)가 밝고 곳곳마다 보국형성(保局形成)이 원형(圓形)으로 나성(羅城: 산이 담장같이 두른 모양)을 이루고 있다. 나성(羅城)을 이룬 가운데 천기지기(天氣地氣)가 조화(調和)를 이루어서 만물(萬物)의 결실(結實)도 좋아지고 사람에게도 더욱 길(吉)한 정기(精氣)로 조화(調和)된 명당지역(明堂地域)인 것이다.

정기(精氣)가 감도는 지역(地域)이니 '개(犬)'조차 영리한 명물(名物)로 되었으니, 이런 이치(理致)로 보아 명당지역(明堂地域)에 조화(調和)된 공기(空氣)가 좋다는 것을 더욱 실감(實感)하게 된다.

또 흉지역(凶地域)의 실례(實例)를 말한다면 명당(明堂)의 반대(反對)로 명문가(名門家)에 재상(宰相)이 두메산골로 낙향(落鄕)한 귀족(貴族)의 후손(後孫)들을 살펴보면 현재(現在) 천골(賤骨)로 비천(卑賤)하게 살고 있다. 명당지역(明堂地域)과 흉(凶)한 지역(地域)을 알 수 있게 한다. 이것은 산소 형성의 조화로 보아야 할 것이다.

(5) 공기(空氣)와 양택법(陽宅法)

귀(貴)한 인물(人物)의 출생(出生)은 공기조화(空氣調和)에 이치(理致)가 있다.

사람이 살아가는 데는 가장 중요(重要)한 곳이 주택(住宅)일 것이다.

하루 일과(日課)의 피로(疲勞)를 회복하자니 휴식하는 주택(住宅)이오 잠을 자는 방(房)인 것이다.

가옥내(家屋內)는 기(氣)의 조화(調和)된 정기(精氣)라야 건강(健康)과 정신(精神)이 안정(安靜)되는 것이다.

사람은 건강(健康)에 따라 활동시(活動時)에는 냉풍(冷風)과 질풍(疾風), 온갖 불순한 공기(空氣)도 이겨내는 자체력(自體力)이 생기는 것이다.
그러나 잠을 잘 때는 불순(不順)한 공기침입(空氣侵入)의 장해(障害)를 다 받게 된다. 소음(騷音) 진동(振動) 살풍(殺風)의 장해(障害)는 심장(心臟)을 극(克)한다. 해(害)는 신장(腎臟)과 정신(精神)이 당하게 된다.

적은 소음(騷音)의 진동공해(振動公害)도 인체(人體)에 누적되면 훗날에 발병(發病)이 된다. 사람은 정풍(靜風)에서 정신(精神)의 안정(安靜)이 이루어진다.

● 가상(家相)에 흉풍(凶風)이 되는 것은 골목 바람이다.
골목에 막다른 대문(大門)이 난 가옥(家屋)은 흉풍(凶風)으로 흉가(凶家)가 되는 것이다.

● 그 외(外)도 건물배치(建物配置)에 내외건물(內外建物)을 가까이 하여 정원(庭園)이 좁아도 공기(空氣)가 흉(凶)한

16

공기(空氣)로 변한다.

● 또 경사(傾斜)진 바람이 불순(不順)해서 가옥내(家屋內)도 정기(精氣: 산소)가 조화(調和)되지 못한다.

★ 가상학(家相學) 전태수(全泰樹) 저서(著書)에 "맹자왈 가상법(孟子曰 家相法)에 이르기를, 거처(居處)하는 가옥(家屋)의 구조(構造)에서 기(氣)를 변화(變化)시킨다"했고, 또 프랑스의 건축가(建築家) 루 콜피제 씨(氏)도 "집에는 귀(鬼)가 있다"고 하였다. 공기중(空氣中)에 길(吉)한 정기(精氣)를 뜻 한 것이다.

또한 만물(萬物)이 생성(生成)하는 정령(精靈)을 "역왈 천기지기(易曰 天氣地氣)의 변화(變化)를 이루는 것은 지상(地上)에 정령(精靈)"이라 하였다. 지면(地面) 가까운 곳에서 보국(保局)에 따라 기(氣)의 조화(調和)되는 정기(精氣)로서 만물(萬物)의 생멸소장(生滅消長)이 있는 것이다.

2. 양택법(陽宅法)

• 양택법은 주역을 根幹으로 하였다.
• 동서사택법(東西舍宅)의 공식
 건곤간택(乾坤艮澤)방향은 서사택(西舍宅)
 감리진손(坎離震巽) 방향은 동사택(東舍宅)으로 구성되어
있다.

 황석공(黃石公)을 비롯한 옛 성인(聖人)들은 순환공기조화(循環空氣調和)의 이치(理致)를 알아 양택법(陽宅法)에 이용(利用)했다 주역 팔괘(八卦) 팔방위(八方位)로서 구성법(構成法)이 창안(創案)된 것이다. 팔괘(八卦)의 기본요소(基本要素)인 문, 주, (門主)를 동서사택문(東西舍宅門)에 동택일기(同宅一氣) 구성(構成)을 해야 '복가' 라고 했다.

 건물정원(建物庭園) 대문(大門) 등의 구조배치(構造.配置)로써 풍동(風動)의 공기(空氣)를 조절(調節)하여 인체(人體)에 이롭게 하는 배합(配合) 가상(家相)의 구성법(構成法)을 학문(學問)으로 체계화(體系化)된 것이 『양택삼요결(陽宅三要訣)』이라는 책자로 나온 것이다.

 양택삼요(陽宅三要)에 근간(根幹)하여 우리조상님들에 의해 많은 발전(發展)을 했고 본인(本人)도 양택삼요결(陽宅三要訣)에 근간(根幹)하여 우리나라 실정에 맞도록 현대화

하는데 많은 실험실습(實驗實習)으로 체계화에 노력했다.

『양택삼요결(陽宅三要訣)』은 인간생활(人間生活)에 중요(重要)한 법(法)으로서 이 법(法)을 따르는 것은 자연에 순응(順應)하는 것이라 부귀(富貴)가 약속(約束)되는 것이다. 이 법(法)을 멀리하는 것은 자연을 역(逆)하는 것이니, 비천(卑賤)과 궁색(窮塞)이 올까 두렵다.

3. 명당지역(明堂地域)

　양택풍수(陽宅風水)란 좋은 환경(環境)의 생활터전의 명당지역(明堂地域)을 찾아 건축(建築)하는 제반사(諸般事)인데 원리(原理)는 사람의 보금자리인 한 가옥(家屋)으로 연구(研究)된 학문(學問)이다.
이를 학문적으로 말하면

※ 명당국세(明堂局勢)와 망지지역(亡地地域)이 있다.
① 명당국세(明堂局勢)는 음택(陰宅)에 명혈(明穴)이 결혈(結穴)되면 결혈(結穴)하기 위하여 둥글게 담장을 이루듯이 청룡 · 백호(靑龍, 白虎)와 그 외 나성(羅城: 산세가 둥글게 싸놓은 담장과 같은 뜻)을 이룬 그 안을 명당(明堂) 지역(地域)이라 하여 우리들의 좋은 생활 터전이 되어 주는 것이다.

② 망지국세(亡地局勢)에는 음택(陰宅)에 명혈(明穴)이 생기지 못하는 곳이다. 즉 산세(山勢)가 험하여 둥글게 지역을 이루지 못한 곳 잡목심산(雜木深山) 등은 둥근 담장같은 나성(羅城)을 이루지 못하여 산소(酸素:O_2)가 조화(調和)를 이루지 못하는 곳이라 사람이 비천(卑賤)하게 되어 살 수 없는 곳이다.

길흉가상(吉凶家相)

① 가상에는 복가(福家)와 흉가(凶家)가 있다.

② 가상(家相)이란 사람의 인상(人相)과도 같아서 사람의 관상(觀相)을 보아 부.귀.빈.천(富貴貧賤)을 알아내는 이치(理致)와 같이 가상(家相)에서도 부.귀.빈.천의 길흉화복(吉凶禍福)을 알아낼 수 있는 것은 양택풍수(陽宅風水)의 자연 과학적(自然科學的) 이치(理致)라 할 수 있다.

③ 복가(福家)란
1. 명당지역(明堂地域) 내에서 명당택지(明堂宅地)가 있다.

2. 평범한 대중소 도시(大中小都市)에서도 풍수적(風水的)으로 가려내는 길(吉)한 명당택지(明堂宅地)가 있고 쓰지 못할 망지(亡地)도 있으나 해(害)가 없는 평범한 자리에서 복가(福家)의 구성(構成)이 필요하다.

3. 풍수이치(風水理致)에 맞는 기본(基本)의 가상(家相)의 형상(形象)이라야 하고

4. 가상(家相)의 내부구조(內部構造)가 풍수이치(風水理致)에 맞아야 한다.

5. 주역8괘(周易八卦)로 보는 동.서사택(東西舍宅)의 배합사택(配合舍宅)과 불배합(不配合)의 사택(舍宅)이 있는데 이상과 같이 배합사택(配合舍宅)이라야 복가(福家)가 되는 것이다.

6. 흉가(凶家)는 동서사택방향(東西舍宅 方向)이 혼합(混合)되어 구성(構成)된 가상(家相)을 말한다.

※ 가상과 내부구조의 길흉

1. 기본(基本)의 가상(家相)과 건물(建物)의 좌향(坐向) 그 지역(地域)에 맞춰야 하고 또 풍수적(風水的) 구조(構造)가 내부 공기(內部空氣)를 조화(調化)시켜 즉 산소(酸素: 기호 O, 원자 번호: 8, 원자량 16000, 무색무미(無色無味) 무취(無臭) 기체원소(氣體元素) 공기의 중요성분으로 5분의1을 차지하여 연소(燃燒)나 호흡(呼吸)에 필요하고 인체(人體)에 없어서 아니 될 원소)를 잘 형성케 하는 내부구조(內部構造) 법이 되겠다.

2. 흉가(凶家)란 풍수이치(風水理致)에 하나도 어울리지 못한 것. 즉 '산소' 형성이안되는 곳이다.

※ 명혈과 가상의 기(氣)는 어떻게 다른가?

1. 명혈(明穴)의 기(氣)에는 인격(人格)의 격차(隔差)나 부귀

권세(富貴權勢)의 운명(運命) 같은 것을 받는데 이는 명당길지(明堂吉地: 3정승이 나는 곳. 백골이 지기를 받아 황골(黃骨)로 1,000년 유지되는 곳)에서 산천정기(山川精氣)를 받은 유전자(遺傳子: 생식세포 유전형질을 나타내는 유전의 근원)가 자손(子孫)에게 감응(感應)되어 행운(幸運)의 기(氣)를 받은 발복(發福: 운이 틔어 복을 받음)이 있고

2. 가상(家相)에서 천기지기(天氣地氣)를 받는 것은 우선 건강(健康)이 인체(人體)의 균형(均衡)으로 미남. 미녀(美男美女)로 변하여 좋은 관상(觀相)이 되고 성격(性格)의 기질(氣質)을 온순하게 받으며 얼마든지 높은 인격(人格)을 받을 수가 있다.

3. 가상구조(家相構造)에서는 기(氣)의 변화(變化)가 이루어져서 두뇌변화(頭腦變化)의 차이가 많다.

• 길한 구조에서 – 영리(穎異)한 머리 온순한 성격
• 흉한 구조에서 – 바보, 천치, 미련한 두뇌

4. 풍수이치(風水理致)에 맞는 복가(福家)라면 장관인격(長官人格)이라도 4주8자(四柱八字)의 운명(運命)을 받는 것이다.

4. 인테리어

(1) 인테리어의 원리

문: 출입문(大門)을 남쪽 방향으로 하고 사장(社長)자리를 북쪽 위치(位置)로 한다면 어떠한 이치가 있을까요?

답: 남향문(南向門)에 북쪽의 사장자리를 배치(配置)한다는 것은 가상학(家相學)에서 제일로 삼는 것이다. 옛날에 지상일귀격(地上一貴格)이란 말도 있으니 어떠한 종목(種目)의 대소기업(大小企業)이라도 성공이 빠르고 힘차게 성공이 되며 크면 클수록 승승장구 할 수 있는 자리라 할 수 있다.

대기업(大企業)일수록 더욱 이런 자리를 택하도록 권유하고 싶다. 덧붙여 말한다면 소소하게 사무실 한간에다 사장의 책상자리를 가지고 논하지 말고 큰 기업의 본당(本堂) 빌딩이나 회장(會長)의 가정 주택을 북좌(北坐)로 건물을 앉히고 남향(南向)에 대문(大門)을 한다면 더 크게 발전 할 것이다.

옛말에도 북쪽 자(子) 좌 건물에 남쪽 오향(午向)대문을 낼수 있는 행운(幸運)은 삼대적선(三代積善)을 해야 할 수 있다는 말도 있다. 또 옛말에 북쪽 정자좌(正子坐)에 남쪽 오향(午向) 대문(大門)은 나랏님(임금님)이나 할 수 있는 것이지 어찌 백성들이 하느냐는 말도 있고 또 천민이 북쪽 자좌(子坐)에 남쪽 오문(午門)을 했다가 어찌 감당하려고 무서워서 못하는 것이라면서 촌락에서는 능히 자좌(子坐)를 할 수 있는 자리를 스스로 건좌(乾坐)나 간좌(艮坐)에 집을 하는 예가 많았다. 또 할 수 없이 자좌(子坐)를 할지라도 다소 좌향을 틀어 놓기도 한 예가 많아 어느 촌락이나 대갓집도 정자좌(正子坐)를 한 집은 볼 수 없다.

이토록 무서울 정도로 크고 속발한다는 것을 두려워 한 것은 크게 발복하여 임금재목이 태어나면 역적이 될까 두려워한 옛날이야기고 또 그때는 왕조(王朝) 시절의 이야기니 현재 세계를 무대로 생존경쟁(生存競爭)하는 시대에 와서 너무 크게 되는 것을 두려워할 것이 없는 시대이다.

그래서 옛 궁궐 경복궁을 보더라도 정자좌(正子坐)에 오향(午向)대문이 나있다.

5. 청와대는 하남(下南) 선생의 작품이다.

또 이번 청와대를 창건한 것은 노태우 대통령 당시다. 이번 신축도 정자좌(正子坐)에 오향(午向)대문이다. 1987년에 착공, 1990년 현대건설 정주영 사장에 의해 준공되었다.

여기서 국가 운명이 달려있는 청와대를 앉혀야 할 우리나라에 천하명당의 택지 선택이 국가차원에서도 가장 큰 문제였다. 이 일을 과연 누가 해야 했는가? 양택풍수의 제일의 선생이 해야 되지 않겠는가? 우리나라의 국운이 앞날에 열릴 조짐이 있다면 국운으로서도 빠른 정도의 풍수 선생이 하늘의 운세로서라도 선택되리라는 섭리(攝理)가 있었을 것이기에,
첫째, 청와대를 앉혀야 할 택지 선택.
둘째, 청와대 건물의 가상(家相)이다.
셋째가 대문 방호이다. 건물이 복가가 되는 것은 건물의 좌와 대문방호가 동서사택간에 맞아야하는 것이다.

청와대 건물이 복가가 되어야 한다는 이치는 온 백성들의 국운이요 또 한나라를 통치할 중대한 국운이 매어있는 국사가 국가대사의 중대사를 과연 어느 풍수선생이 감리를 했을까?

우리나라에는 해방 후 풍수이치에 통리한 선생은 한 분밖에 아니 계시었다.

조선 말엽까지도 불가의 도사를 비롯하여 유가의 명사들이 많았으나 일제때 우리나라의 명당의 이치를 아는 풍수사상을 탄압하여 풍수학맥이 끊어졌다가 유일하게 학맥을 바로 찾은 거의 창안하다시피 하신 분이 계시다. 호는 하남(河南)이시고 함자는 장용득(張龍得)선생이시다.

청와대를 앉혀야 할 택지를 선택하는데 노태우 대통령의 부름을 받고 가서 선택한 자리가 현재 청와대이며 그 택지를 조성하는데 천하제일복지(天下第一福地)라는 석판(石板)도 나왔다는 것이다. 우리나라는 도참사상에 유명한 위인들이 많이 있다. 남사고를 비롯 박상의 정감록을 쓴 위인들 그 때 이미 먼 훗날을 내다보고 한나라의 궁궐을 지을 때는 이곳에 앉히라는 예시로 어느 명사가 미리 천하복지라는 글을 암석에 새겨 묻어 놓은 것이라 사료되나 그는 그 당시 무학대사가 한양국세를 도읍지로 옮기게 하고 이태조의 건원릉의 천하대지 명당을 소점하면서 앞날의 국운을 걱정하여 천하복지라는 글을 새겨서 묻어 놓은 것으로 생각된다.

풍수에 개안(開眼)이 되면 이치는 같은 것이니 장용득 선생도 바른 자리를 찍은 셈이고 또 두 사람의 혜안이 마주친

28

것을 보면 과연 그 자리는 천하제일복지라는 것이 의심할 바 없는 것이다.

장용득 선생님은 서울에 1969년에 경북 영주에서 올라 오시여 많은 제자를 배출했다. 현재 서울에서 수십 군데에 서 강의가 열리고 있는 것은 모두 장선생님께서 풍수이치를 간편하게 체계화해 놓으신 덕으로 모두 그 학맥으로 강의가 열리고 있다.

필자도 물론 장선생님께 풍수이치를 배워서 1976년부터 는 선생님의 명당론으로 대리강의를 시작했던 것이 오늘날 에 이르렀고 필자의 강의를 거처 나간 회원들이 현재 서울 서 수십 군데서 강의가 열리고 있다.

이 학맥을 사람의 촌수로 친다면 현재 장선생님의 증손 되는 사람도 강의의 열기를 띠고 있는 실정이니 장용득 선 생의 학맥은 현시대의 풍수학맥으로서는 어디에도 비교할 바 없는 정통학맥이라 볼 수 있다. 풍수학맥이 비교적 현 과학시대에 알맞은 공식적이다. 이 책의 양택 풍수이치만 하더라도 N-S의 방향만 정확히 안다면 이와 같이 8괘를 그리고 같은 짝패를 찾아 문(門)과 사장 책상자리만 놓으면 성공하는 인테리어가 된다. 이와 같이 예를 들어 공식을 발 표했다. 많은 참작과 도움이 되었으면 하는 마음 간절하다.

6. 인테리어로 재미 본 상은

*1990년도 신문에 보도된 이야기의 한 토막(이래와 같은 일이
실제로 되는 것이다)

"상은(商銀), 막아버린 남문(南門) 다시 튼다. '문(門)이
잘못되어 궂은 일이 잦다'는 지사(地師)들의 충고에 귀를
기울인 상업은행이 13년 전에 막아 버렸던 정문을 다시 만
드는 공사에 나섰다."

이것은 지난 00년 5월 3일자 모 일간지 기사 중의 일부를
인용한 것이다.

무슨 얘기인가? 지난 1982년의 이철희, 장영자 사건부터
시작하여 올해의 한양부실로 인한 고생에 이르기까지의 뜻
하지 않은 수난이 은행 본점의 대문 탓이라니…… 지금이
언제인가? 20세기 최첨단 과학문명시대가 아닌가?

오늘을 사는 현대인에겐 다소 넌센스로 여겨질지도 모른
다. 그러나 지사의 입장에서 볼 때, 즉 양택 풍수이치에서
볼 때 그것은 조금도 이상한 이야기가 아니다. 지극히 당연
한 얘기다. 나는 나 자신이 지사으로서 지난 수십 년간 이
와 유사한 일들을 수없이 목도(目睹)하고 또 바로잡아 주기

도 하여 왔다. 말하자면 예(例)의 이러한 문제들이 양택풍수의 문제에 속하는 것들인데, 풍수지리라고 해서 무슨 케케묵은 옛날 얘기가 아니고 바로 현재 우리의 생활 현장에서의 개인이나 기업의 흥망성쇠나 부귀빈천이 테마로서 다루어지고 있는 하나의 환경적 통계학이라 할 수 있다.

사실 양택풍수 이론에는 지세, 방위, 건축물의 배치, 형태, 실내공간, 조경에 이르기까지 광범위하지만 이것을 딱딱하게 이론적으로 다룰 생각은 없고, 다만 나의 실제 경험한 바와 사례를 중심으로 해서 필요한 범위 내에서 풍수지리이론의 해설도 겸해서 양택이치와 현실을 경험한 것들을 책으로 써보았다.

● 그런데 실제로 원인불명의 불상사를 거듭 당해서 어려움과 고통가운데 처해있는 사람들을 찾아 그 분들의 가정에 양택(陽宅)과 음택(陰宅)을 감정해 보고 고쳐서 행복을 되찾게 하는데 전문가로서의 책무와 풍수지리 본래의 진정한 의미가 있기 때문이다.

● 양택풍수를 포함하여 풍수지리 일반을 믿어야하나 말아야하나 또 어디까지 믿어야하나 망설일 필요는 전혀 없다. 실제로 그 이론에 좇아 전문가의 도움으로 실행에 옮겨 보면 그 결과가 스스로 자기검증을 할 것이기 때문이다.

● 상은도 문을 트는 작업 전에 전은행장 책상을 지사의 지시대로 옮기면서 '한양' 사건들 등 해결이 나는 현저한 결과를 보이자 수십 년 전에 막아버린 대문을 트는 작업을 시작하였다고 한다. 그리고 풍수지리를 무슨 미신이라거나 반대로 맹신하여 신앙의 차원으로까지 생각한다는 것은 그야말로 어리석은 일이다. 그것은 수천 년 전래의 소중한 지혜이자 과학이고 그리고 인류의 자산으로서 잘 가꾸고 더욱 발전시켜서 인간의 행복과 번영에 봉사하여야 할 것이다.

조선가상(朝鮮家相)

7. 지리(地理)와 나경(羅經)의 유래(由來)

풍수지리(風水地理)에 사용되는 나경(羅經), 즉 패철측정법(佩鐵測定法)은 가장 중요한 법(法)이라 할 수 있다. 나경(羅經)의 유래(由來)를 살펴보면, 황제(皇帝) 헌원씨(軒轅氏)가 방향을 알기 위하여 지남차(指南車)를 제작(製作)하여 사용한 것이 지남거(指南鐵)의 시초(始初)가 된 것이다. 그 후 역학(易學)이 주공대(周公代)에 더욱 발전하였으니 지리법(地理法)도 주대(周代)에 시작(始作)되면서 나경(羅經)도 주공(周公)에 의하여 십이나경(十二羅經)이 제작(製作)되었다는 설(說)이 있으며, 지리(地理)가 날로 성행함에 따라 나경(羅經)도 수차례에 걸쳐 개작(改作),수정(修正)하여 사용되고 있으며, 그 나경(羅經)을 수입(輸入)하여 옛 선사(先師)들이 항상 차고 다녔다하여 패[佩]찰 패자를 붙여서 패철(佩鐵)로 부르게 되어 현재(現在)도 패철(佩鐵)로 불리어 사용되고 있는 것이다.

패철(佩鐵)의 사용방법(使用方法)은 고서(古書)의 저서(著書)마다 패철간법(佩鐵看法)이 다르게 주장(主張)되어 있으나, 패철(佩鐵)의 귀중(貴重)함이 전래(傳來)된 것은 중국(中國) 청(淸)나라 때 천문지리(天文地理)에 능통(能通)한 매각천씨(梅殼天氏)가 삼십육선(三十六線)의 강희윤도(康熙輪圖)를 제작(製作)하여 귀중(貴重)함이 위대(偉大)한 기구

(器具)로 전래(傳來)되어 오늘날까지도 패철(佩鐵)의 중요성(重要性)은 누구나 다 아는 사실(事實)로 묘(墓)를 쓰는 데는 [쇠]를, 즉 패철(佩鐵)을 놔야 한다는 인식(認識)에 젖어 있다.

그러나 옛 지리명사(地理明師)들은 지리(地理)의 진법(眞法)을 설(說)하는 것은 천기(天氣)를 망파(妄把)하여 누설(漏泄)하는 것이라 하여 지리학문(地理學問)의 맥(脈)을 전수(傳授)하지 않았다는 전설(傳說)이 있으며 사실(事實)도 그러하였다.

명사(明師)들이 남긴 술서(術書)로서 패철 사용법(佩鐵使用法) 등은 타인(他人)이 사용(使用)하여 산(山)의 이치(理致)를 알 수 있도록 된 방식(方式)의 글이 없고, 지리법서(地理法書) 또한 실지산세(實地山勢)의 이치(理致)를 알도록 된 방법(方法)의 글이 아니고, 시(詩)의 구절(句節)이 아니면 해석(解釋)이 난해(難解)한 구절(句節)이라 그 해석(解釋)으로는 산리(山理)를 볼 수 없도록 된 술서(術書)이다. 그러나 산리(山理)에 대한 명언(名言)임에는 분명(分明)한 것이다. 후학자(後學者)들의 술서해석(術書解釋)에 난점(難點)이 되도록 한 것은 천기누설(天氣漏泄)을 피하는 한편, 덕(德)이 있는 자(者) 위선(爲先)에 지극정성(至極精誠)의 답산실습(踏山實習)으로 산리(山理)를 터득하여 此法을 사용(使用)하라는 명사(明師)의 구절(句節)이라는 뜻으로서 덕인(德人)이 봉길지(逢吉地)한다는 것이 진리(眞理)의 글인 것이다.

그간 명사(名師)의 참뜻은 모르고 고서해석(古書解釋)이 구구각각(區區各各)이어서 패철(佩鐵)의 사용법(使用法)은 지사(地師)마다 일정(一定)한 기준(基準)없이 사용방법(使用方法)이 다르게 된 것이다.

패철(佩鐵)의 사용목적(使用目的)은 산맥(山脈)의 산천정기(山川精氣)가 흐르고 멈추는 것을 살펴서 혈(穴)의 진부(眞否)를 판별 사용(判別.使用)하는 데 있으며, 이것이 패철사용(佩鐵使用)의 진법(眞法)이라 사료(思料)된다. 본서(本書)에서는 패철사용방법(佩鐵使用方法)이나 산(山)의 이치(理致)를 보는 방법(方法)도 詳細하게 되어 실지산리(實地山理)에 맞도록 기술(記述)되어 있다.

조선가옥

8. 한국(韓國)의 지리사(地理史)

풍수지리(風水地理)는 자연(自然)이다. 학문적(學問的)으로 이루어진 것은 중국 황하(中國 黃河)의 고대문명시대(古代文明時代)에 발상(發祥)되어 한국(韓國)에 까지 전래(傳來)된 것이다. 학문(學問)에 앞서 옛 조상(祖上)들께서는 슬기롭게도 살기 좋은 기름진 땅과 향천(香泉)을 찾아 바람을 피해 집을 짓고 한 것은 풍수지리(風水地理)의 자연(自然)을 이용한 것이다.

중국(中國)에서는 청오자(靑烏子)가 『청오경(靑烏經)』이라는 지리서(地理書)를 저술(著述)한 것이 최초(最初)로 체계화(體系化)되어 많은 발전(發展)이 되었고 우리나라에 들어온 것은 고구려(高句麗)를 비롯하여 신라(新羅) 백제(百濟)로 전파(傳播)되어서 일반인들까지 지리풍습(地理風習)을 숭상(崇尙)하게 된 것이다.

또 『삼국유사(三國遺事)』를 보면, 신라(新羅)의 석탈해왕(昔脫解王)이 평민(平民) 때에 살던 보금자리가 초생(初生)달 같은 형국(形局)에서 대(代)를 이어 살다가 비범(非凡)한 인물(人物)로 성장(成長)하게 되어 신라(新羅) 사대(四代)의 왕위(王位)까지 누리게 되었고, 평민(平民)으로 살던 그 자리를 훗날 풍수지리학적(風水地理學的)으로 보아도 과연 명당택지(明堂宅地)로 판명(判明)되었다는 일화(逸話)가 있다.

고구려(高句麗) 연개소문(淵蓋蘇文)이 평양성(平壤城)을 개축(改築)하여 신월성(新月城)을 만월성(滿月城)으로 고치고, 백제(百濟)의 공주도성(公州都城)도 부여(扶餘)의 반월형국(半月形局)을 찾아 천도(遷都)하였다고 한다.

『도선국사설록(道詵國師說錄)』을 보면, 도선국사(道詵國師)는 신라말엽(新羅末葉)에 태생(胎生)한 최씨(崔氏)의 후손(後孫)으로서 지혜(智慧)와 비상(非常)한 재주가 뛰어났으며, 중국(中國) 당(唐)나라에 가서 유명(有名)한 일행선사(一行禪師)에게서 풍수지리(風水地理)를 공부하여 지리(地理)에 무불통지(無不通知)했고, 지리도사(地理道師)로서 지금까지도 그 행적(行蹟)이 전해지고 있다.

『국사정록(國史精錄)』의 고려편(高麗篇)에는 도선선사(道詵禪師)가 왕건태조(王建太祖)의 아버지인 왕륭(王隆)의 집터를 잡아주며 왕(王)이 태어날 것을 예언(豫言)한 것이 왕건태조(王建太祖)가 되었고, 서기(西紀) 구백십칠년(九一七年) 왕위(王位)에 오르자 고려왕도(高麗王都) 개성(開城)을 도성(都城)으로 찾아 줌으로써 국사(國師)가 되어 도선국사(道詵國師)로서 등장(登場)하게 된 것이다. 그 후 전국방방곡곡에 명당지(明堂地)를 소점(所占)하여 비결지(秘訣地)가 전해지며, 풍수지리(風水地理)의 체계적(體系的)인 학문(學問)을 저술(著述)한 것이 도선국사(道詵國師)로부터 시작된 것이라 한다.

고려(高麗) 중엽(中葉)에는 (妙淸)이라는 지리(地理)에 능통(能通)한 술사(術士)가 개성(開城)의 도성(都城)을 평양성(平壤城)으로 옮기자 하여 국세(國勢)의 차이를 잘 보았던 것이다.

또, 이태조(李太祖)에는 한양도성(漢陽都城)을 찾아 천도(遷都)하니 현(現)서울로서, 한양국세(漢陽國勢)는 도성(都城)으로 말하면 세계(世界)에서도 유일무이(唯一無二)한 국세(局勢)라 지리풍수학(地理風水學)은 날로 발전한 것을 사적(史的) 근거(根據)로서 알 수 있다.

다시 되돌아보면 고구려말(高句麗末) 나학천선사(羅學天先師)는 천문지리(天文地理)에 무불통지(無不通知)했고, 또 고구려(高句麗) 십이대왕(十二代王) 문종(文宗)때에는 (張袁)이라는 명사(明師)를 대사감후(太師監侯)로 임명한 바 있고, 이십대(二十代) 신종(神宗) 때에는 지리도사(地理道師)들을 비롯하여 백관(百官)들에게까지 명(命)하여 국내(國內)의 산천형세(山川形勢)를 살펴 연구(硏究)하도록 하고, 각지(各地)의 지명(地名)도 산천형세(山川形勢)의 지리국세(地理局勢)에 알맞게 붙이도록 하였으니, 그 지명(地名)에 대한 신비(神秘)한 일화(逸話)가 오늘까지도 비결(秘訣)로써 전해지고 있는 것이다.

대소도시(大小都市)를 비롯 촌락(村落)까지도 명당지(明堂地)로 옮겨 지명(地名)을 붙이고, 지방관청(地方官廳)이나 민간(民間)들의 묘지(墓地)와 집터를 소점(所占)하는 등 고려왕조(高麗王朝) 오백년(五百年)에 도선국사(道詵國師)를 비롯하여 중엽(中葉)에 묘청선사(妙淸先師), 말엽(末葉)에 나학천명사(羅學天明師)등이 많은 업적(業績)을 세웠다.

 1383年 이태조(李太祖) 등극시(登極時)에도 정당문학(政堂文學) 권중화(權仲和)의 헌상(獻上)에 따라 도읍지(都邑地)를 충청도(忠淸道) 계룡산하(鷄龍山下)의 신도안(新都安)이라는 곳에 도성(都城)을 정하여 초석(礎石)까지 놓은 것을, 경기좌우도(京畿左右道) 도관찰사(道觀察使) 하륜(河崙)이 상서(上書)하여 다음과 같은 이유로 반대하였다.

 『이태조실록(李太祖實錄)』 이년(二年) 십이일조(十二日條)에 기술(記述)된 반대이유는,
 첫째, 도읍(都邑)은 나라의 가운데 있어야 하는데 계룡산(鷄龍山)은 남(南)쪽에 치우쳐 있어서 마땅치 않고,

 둘째, 그곳의 산(山)은 건방(乾方)에서 오고 물은 손방(巽方)으로 나가니 이는 곧 수파장생(水破長生)(물이 장생방을 친다)이 되어 송조(宋朝) 호순신(胡舜申)의 장법(葬法)에 따르면 쇠패지지(衰敗之地)가 된다는 것이었다.
 따라서 이태조(李太祖)는 권중화(權仲和)와 남재(南在) 정

42

도전(鄭道傳) 등 여러 신하(臣下)와 하륜(河崙)으로 하여금 고려시대(高麗時代)의 능(陵)과 산형국세(山形局勢)를 대조하여 호순신(胡舜申)의 장법(葬法)의 타당성을 조사(調査)하게 했던 바 길흉(吉凶)이 거의 가합(可合)하므로 이태조(李太祖)는 계룡산(鷄龍山) 도읍건립(都邑建立)을 정하게 하고, 하륜(河崙)을 불러 새로운 후보지(候補地)를 선정케 했던바, 하륜(河崙)은 무악산(毋岳山) 남(南)쪽(지금의 서울 연희동(延禧洞)일대)를 지정(指定), 건의(建議)하므로, 태조(太祖)는 권중화(權仲和), 조준(趙俊) 등에게 답사(踏査)케 하였던 바, 이들은 협소(狹小)하다는 이유로 반대(反對)하였음이 『태조실록(太祖實錄)』 삼년(三年) 이월조(二月條)에 상술(詳述)되어 있다. 그 후 태조(太祖) 삼년(三年) 칠월(七月) 태조(太祖)가 제신(諸臣)과 함께 무악산(毋岳山)을 보고 돌아오던 중 고려조(高麗朝)의 이궁(離宮)인 한양(漢陽)에 이르러 제신(諸臣)과 협의하여 이곳을 신도(新都)로 정하기에 이르렀다.

그러나 궁궐(宮闕)의 위치를 놓고 양론(兩論)이 있었으니, 즉 정도전(鄭道傳) 등 유가(儒家)에서는 북악산하(北岳山下) 자좌(子座)를 주장하였고, 무학대사(無學大師)는 인왕산하(仁旺山下)의 건좌(乾座)를 주장하였으나, 북악산하(北岳山下) 자좌(子座)로 정하였던 것이다. 이렇듯 풍수사상(風水思想)은 우리나라에서 지대한 영향을 미쳤다.

풍수지리(風水地理)의 풍습(風習)은 삼국시대(三國時代)로부터 고려.조선(高麗.朝鮮)에 이르기까지 유가(儒家)의 명사(明師)와 불가(佛家)의 도사(道師)들에 의해 이루어진 지리사(地理史)는 만인(萬人)의 관심사(關心事)가 되어서 세대(世代)는 다르나 오늘날까지 전래되고 있는 것이다.

　유가(儒家)에서 지리(地理)의 명사(明師)로서는 정도전(鄭道傳), 남사고(南師古), 박상의(朴相儀), 이지함(李芝函), 맹사성(孟思誠), 윤참의(尹參議), 이의신(李懿信),이호면(李鎬冕), 안정복(安鼎福), 정두향(鄭斗鄕), 채성우(蔡成禹), 성유정(成俞正) 등을 들 수 있고, 불가(佛家)에는 무학대사(無學大師), 서산대사(西山大師), 사명대사(泗溟大師), 성원대사(性圓大師), 성지대사(性智大師), 일지대사(一指大師), 일이대사(一耳大師), 보우대사(普雨大師), 진묵대사(眞默大師)의 도사(道師)들이었고 이들이 저술(著述)한 지리서(地理書)는 천추(千秋)에 유전(遺傳)되고 있다.

제 2 장

■

음양오행(陰陽五行)

풍수가상법 불국사

1. 동양철학(東洋哲學)과 풍수(風水)

풍수지리학(風水地理學)도 근원(根源)은 역(易)에서부터 나왔다. 역(易)이란 원래 태극(太極)이 나뉘어 양의(兩儀)된 과정에서부터 비롯된 것으로, 양의(兩儀)란 음양(陰陽)을 의미하며, 음양이란 일월(日月)의 상징이다. 그리고 양(陽)의 일(日)과 음(陰)의 월(月)은 양천(陽天) 음지(陰地)를 뜻한다. 양동(陽動) · 음정(陰靜)의 변화로 오행(五行)의 이치와 역(易)은 우주만상(宇宙萬象)이 생성되는 묘법(妙法)인 조화 현상이 이루어지고 있다.

하도(河圖)는 6,000년 전 태호(太昊) 복희씨(伏羲氏)가 용마(龍馬)에서 얻어 선천팔괘(先天八卦)를 만든 것에서 유래하며, 하우씨(夏禹氏) 대(代)에 신귀(神龜)에서 얻은 낙서(落書)의 의(儀)를 그후 주(周)의 문왕(文王)이 구체적으로 해설하여 후천팔괘(後天八卦)를 창안하였다. 복희씨의 선천팔괘와 문왕의 후천팔괘는 역(易)의 발전에 결정적인 업적을 세운 셈이다.

⊙ 문왕은 역(易)의 원리로서 왕정교화(王政敎化)와 인민의 조장법(造葬法)과 기타 길흉화복(吉凶禍福)에 관한 법을 알아냈다.

⊙ 그 후에도 역학발전(易學發展)에 공헌한 성현(聖賢)들은 주공(周公), 여상(呂尙), 강태공(姜太公), 춘추시대의 대현

(大賢)인 공자(孔子), 주자(朱子)의 제자인 정명도(程明道)·정이천(程利川), 장횡거(張橫渠), 소강절(邵康節), 사마온공(司馬溫公), 주자(朱子) 같은 성현(聖賢)들이다. 이들은 역학의 범위에 속한 모든 음양오행(陰陽五行), 지리학(地理學), 유학(儒學), 천문(天文), 성학(性學), 이기학(理氣學) 등 모든 분야에 투철한 성현들이었다. 이러한 성현들이 역학발전에 힘을 쏟음으로써 동양철학(東洋哲學)의 바탕이 이룩되고 문화가 발전한 것이다.

◉ 서양에서도 일찍이 역서(易書)를 가져다 음양오행(陰陽五行)의 원리를 근본으로 하여 문명이 발전하였고, 현재도 독일, 영국, 미국 등 여러 선진국에서는 역서의 원리로 많은 연구를 한다고 하니 음양오행이란 무궁무진하고 위대한 학문인 것이다.

◉ 지리학도 주대(周代)에 시작되었다고 봐야 하겠고, 주공(周公)에 의하여 지리학이 더욱 발전되었다는 설이 있다. 지리학이 사적근거(史的根據)를 세울 수 있기는 후한(後漢) 때 청오자(靑烏子)가 창저(創著)한 『청오경(靑烏經)』이 나와 지리학의 학술적인 체계가 세워졌다고 한다.

◉ 우리나라에서는 도선대사(道詵大師)가 비상한 재주와 탁월한 지혜로 중국 당나라의 유명한 일행선사(一行禪師)에게

서 풍수지리학을 공부하였는데, 지리에 무불통지(無不通知)를 비롯하여 유가(儒家)나 불가(佛家)의 도사들에 의하여 지리풍수에 많은 발전을 보게 되었다.

2. 하도설 (河圖說)

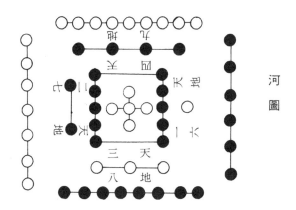

하도(河圖): 용마(龍馬)에 부도(負圖)된 수리(數理)〈복희시대(伏羲時代)〉

⊙ 이 수리(數理)는 우주자연(宇宙自然)이 생성되는 이치를 설명하였다. 어떤 물체라도 음양오행의 이치로써 형성되니 수리도 함께 내포되어 있다. 그림은 복희(伏羲) 시대에 용마(龍馬)에 부도(負圖)된 수리이다. 천지(天地)의 수(數)를 각각 합하니 지수(地數) 30과 천수(天數) 25, 이를 다시 총합하면 55 수(數)가 되는데, 이는 천지변화를 이루는 건곤(乾坤: 하늘과 지구)의 기상(氣象)인 것이다.

주:하도(河圖)는 옛날 중국 복희씨(伏羲氏) 때 황하에서 나

50

온 용마(龍馬)의 등에 나타나 있었다는 55개의 점을 말한다. 주역(周易)의 팔괘(八卦)의 근본이 되었다고 함.

⊙ 오공(吳公)이 말하기를, 하도(河圖)는 괘상(卦象)으로써 시작된 것이라 하였다. 모든 숫자가 생(生)하는 것은 – 1에서 시작하여 10으로 끝나는 것은 – 천지자연이 생성되는 묘수(妙數)로서 음양오행의 기상(氣象)과 유행(流行)을 밝히는 것이다. 사시절(四時節)의 천기(天氣)가 순환 · 변화되어 춘하추동의 계절을 이룬다. 그 수는 1·6 水, 2·7 火, 3·8 木, 4·9 金, 5·10 土로 음양(陰陽)이 배합된 후에 오행(五行)의 기상이 오악(五嶽)을 이루어 순환교류하니, 만상(萬象)이 영구히 이루어지는 것은 자연의 이치이다. 1·3·5·7·9는 기수(奇數: 홀수)가 되고 2·4·6·8·10은 우수(偶數: 짝수)가 된다.

지리법(地理法)에 나경(羅經)의 12지(支)와 무기(戊己)는 중앙토(中央土)가 되니 8간(干)과 4유(維)로써 24방위(方位)를 배속(配屬)한 것은 산맥용맥(山脈龍脈)의 이치를 보고 음양(陰陽)의 정배합(正配合)을 기술한 것이다.

나경(羅經)에 기술한 이치는 오기생성(五氣生成)과 음양조화(陰陽造化)를 측도(測度)하는 것으로서 사용범위는 무관하다. 음택(陰宅)에서 사용하는 산맥의 음양배합(陰陽配合)은 순리(順理)와 역리(逆理)의 지리법을 밝힌 것이다.

3. 낙서도설(洛書圖說)

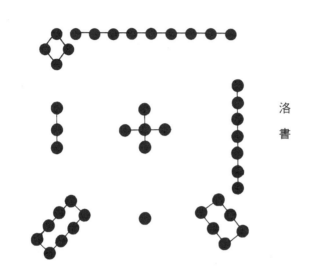

洛
書

낙서도(洛書圖; 九宮法): 하우시대(夏禹時代) 신귀(神龜)에 나타난 문수(文數)

　우주생성(宇宙生成)의 진리를 통달(通達)한 성인(聖人)이 만물에 자연이수(自然理數)가 내포된 것을 알게 되었다. 천년의 수명(壽命)을 갖는 거북이[龜]의 등에서 성인(聖人)이 처음으로 찾아낸 문수(文數)가 바로 낙서(洛書)인 것이다.

주:낙서(洛書)란 옛날 중국 하(夏)나라의 우왕(禹王)이 홍수를 다스릴 때, 낙수(洛水)에서 나온 거북의 등에 있었다는 아홉 개의 무늬를 말한다. 뒷날 팔괘(八卦)의 이치나 서경

(書經)의 홍범구주(洪範九疇) 등이 다 이를 본떠서 만들었
다고 함.

재(載;首)에 9수(數)가 있고, 이(履)에 1수가 있으며, 좌
(左)에 3수가 조(照)하고, 우(右)에는 7수가 있다. 4정방(四
正方)은 각각 홀수로서 양수(陽數)가 되니 양(陽)은 곧 귀한
것이라, 지리자연(地理自然)의 법을 밝혀 패철(佩鐵) 4선의
4정방위(四正方位)가 자(子)·오(午)·묘(卯)·유(酉)로서
귀격(貴格)의 혈(穴)이 되는 것이 기술된 것이다.(패철은 山
理에 적중됨).

또 견(肩)에 2·4수(數)가 있으며 족(足)에 6·8수가 있으
니, 4우(隅)가 음(陰)이 되어 나경(羅經) 4우(隅)에 진(辰)·
술(戌)·축(丑). 미(未)가 장(藏)이요, 인(寅)·신(申)·사
(巳)·해(亥)가 태(胎)로서 음(陰)의 근원을 배속한 것이다.

그리고 복(腹)에 5수가 있어서 중앙 5·10토(土)로 곤(坤)
이라 무기(戊己)가 배속된다. 나경(羅經)에 기술된 원리가
바로 하도낙서(河圖洛書)이며, 대자연의 이치가 기술된 것
으로 가장 중요한 선(線)이 나경(羅經) 4선인 것이다.

하우씨(夏禹氏)가 지리법의 구궁팔괘(九宮八卦)를 밝히면
서 북(北)은 현무(玄武), 남(南)은 주작(朱雀), 동(東)은 청룡
(靑龍), 서(西)는 백호(白虎)로 4정방(四正方)의 음양이치
(陰陽理致)를 밝혔으니 지리풍수(地理風水)의 술어(術語)가
여기서부터 비롯된 것이다.

4. 태극괘설(太極卦說)

- 태극(太極)
- 양의(兩儀)는 … 陰, 陽
- 사상(四象)은 … 太陰, 太陽, 少陰, 少陽
- 팔괘(八卦)는 … 乾, 兌, 離, 震, 巽, 坎, 艮, 坤

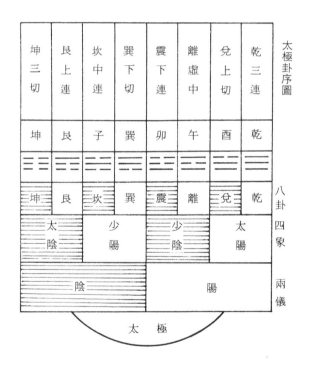

태극괘(太極卦) 서도(序圖)

※ 태극설(太極說)

『역서계사(易書繫辭)』에

① 역유태극(易有太極) 시생(始生)

② 양의생(兩儀生)

③ 4상생(四象生)

④ 팔괘야(八卦也)라 하였다.

　또 소자(邵子)가 이르기를,

① 1이 분(分)하여 2가 생(生)하며,

② 2가 분(分)하여 4가 생(生)하고,

③ 4가 분(分)하여 8이 생(生)하여 팔괘(八卦)가 된다.

④ 음양(陰陽)이 변화되는 이치이다. 이 법은 양택(陽宅)에
도 적용된다.

5. 문왕8괘(文王八卦)

문왕(文王) 팔괘방위도(八卦方位圖)

(1) 문왕(文王) 팔괘방위(八卦方位)

팔방위(八方位)는 낙서(洛書)에 의거한 문왕(文王) 후천팔괘(後天八卦)로서 풍수지리에서도 사용되는 방위이다.

※ 8괘 외곽에 패철 제4선을 적용시켜 양택을 보기 수월하

도록 하였다.

- ① ② ③ ⑧번을 과상에 적용하여 동사택 방위가 되고
- ④ ⑤ ⑨ ⑩번은 서사택 방위이다.
- 이상 수 리는 오행 수 리를 적용하였다.

※ 문왕(文王) 팔괘방위(八卦方位)

- 乾老父 居西北屬金 一 건은 노부이고…서북방위에 있으며, 오행은 금(金)에 속한다.
- 坤老母 居西南屬土 一 곤은 노모이고…서남방위에 있으며, 오행은 토(土)에 속한다.
- 震長男 居正東屬木 一 진은 장남이고…정동방위에 있으며, 오행은 목(木)에 속한다.
- 巽長女 居東南屬木 一 손은 장녀이고…동남방위에 있으며, 오행은 목(木)에 속한다.
- 坎中男 居正北屬水 一 감은 중남이고…정북방위에 있으며, 오행은 수(水)에 속한다.
- 離中女 居正南屬火 一 이는 중녀이고…정남방위에 있으며, 오행은 화(火)에 속한다.
- 艮少男 居東北屬土 一 간은 소남이고…동북방위에 있으며, 오행은 토(土)에 속한다.
- 兌少女 居正西屬金 一 태는 소녀이고…정서방위에 있으며, 오행은 금(金)에 속한다.

팔괘(八卦)에 소속된 혈육(血肉)과 오행(五行)은 양택패
철도(陽宅佩鐵圖)에 배치되어 양택(陽宅)에서도 사용된
다.

(2) 팔괘(八卦)의 혈육관계(血肉關係)

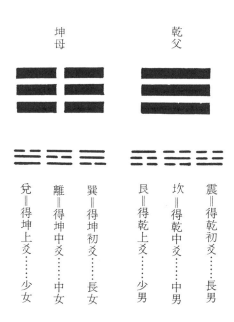

팔괘혈육도(八卦血肉圖)

- 건괘(乾卦)는 천(天)을 뜻하며 노부(老父)로 칭하게 된다.
- 곤괘(坤卦)는 지(地)를 뜻하며 노모(老母)를 칭하게 된다.
- 진괘(辰卦)는 일삭득남(一索得男)하니 장남(長男)이 되며,
- 감괘(坎卦)는 재삭득남(再索得男)하니 중남(中男)이 되고,
- 간괘(艮卦)는 삼삭득남(三索得男)이라 소남(少男)이 된다.
- 손괘(巽卦)는 일삭득녀(一索得女)하여 장녀(長女)가 되며,
- 이괘(離卦)는 재삭득녀(再索得女)하니 중녀(中女)가 되고,
- 태괘(兌卦)는 삼삭득녀(三索得女)라 소녀(少女)가 된다.

양택패철도(陽宅佩鐵圖)에 배속(配屬)된 혈육관계(血肉關係)는 팔괘(八卦)의 근원으로서 가상(家相)의 길흉화복(吉凶禍福)을 논하는 데 응용된다.

6. 오행 상생상극(五行 相生相剋)

(1) 오행상생(五行相生)

화생토(火生土) 토생금(土生金) 금생수(金生水) 수생목(水生木) 목생화(木生火)

상생도(相生圖)

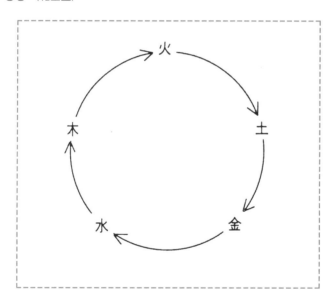

(2) 오행상극(五行相克)

화극금(火克金) 금극목(金克木) 목극토(木克土) 토극수(土克水) 수극화(水克火)

상극도(相剋圖)

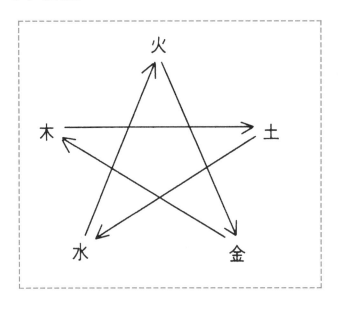

(3) 수리(數理)

북(北)에 1·6수(水), 남(南)에 2·7화(火), 동(東)에 3·8
목(木), 서(西)에 4·9금(金)

(4) 삼합오행(三合五行)

- 해묘미(亥卯未) 목국(木局) 3·8수리
- 인오술(寅午戌) 화국(火局) 2·7수리
- 사유축(巳酉丑) 금국(金局) 4·9수리
- 신자진(申子辰) 수국(水局) 1·6수리

상생상극(相生相克) 삼합오행(三合五行) 수리(數理)로써
남녀노소(男女老少)를 구별하고, 모든 길흉화복(吉凶禍福)
의 연조(年照)를 추산(推算)하는 데 사용하고, 중앙 5·10
토(土)는 각 방위(方位)에 해당하니 영수(零數)를 가산하여
추산(推算)하는 데 이용하게 된다.

(5) 오행(五行)의 작용원리(作用原理)

상생(相生)은 길(吉)한 것이며, 상극(相克)은 불길(不吉)한
것으로 판단한다. 그러나 상생상극(相生相克)이 조화를 이
루는 것은 우주만상(宇宙萬象)의 조화원리(造化原理)이므로
상생(相生)·상극(相克)의 반복작용으로 생멸소장(生滅消
長)이 있는 것이라, 생(生)도 극(克)도 불길(不吉)이 없는 게
또한 진리이다.

- 양(陽)이 생(生)하면 음(陰)이 사(死)하고
- 음(陰)이 생(生)하면 양(陽)이 사(死)한다.
- 상생상극(相生相克)은 태강즉절(太剛則折)이다.

① 상생병(相生病)

⊙ 금(金)은 능히 생수(生水)하나 수(水)가 많으면 금(金)은 침(沈)하는 작용을 일으킨다.

② 상생모쇠자왕(相生母衰子旺)

⊙ 금(金)은 능생(能生) 수(水)하나, 수다(水多)하면 금(金)은 물에 잠긴다[沈].

⊙ 수(水)는 능생(能生) 목(木)하나, 목다(木多)하면 수(水)가 졸아든다[縮].

⊙ 목(木)은 능생(能生) 화(火)하나, 화다(火多)하면 목(木)이 탄다[焚].

⊙ 화(火)는 능생(能生) 토(土)하나, 토다(土多)하면 화(火)가 희미해진다.[晦].

⊙ 토(土)는 능생(能生) 금(金)하나, 금다(金多)하면 토(土)가 약해진다[虛].

③ 상생모자멸자(相生母慈滅子)

⊙ 금(金)은 뇌토(賴土)하나, 토다(土多)하면 금(金)은 묻힌다[埋].

⊙ 수(水)는 뇌금(賴金)하나, 금다(金多)하면 수(水)는 탁해
진다[濁].

⊙ 목(木)은 뇌수(賴水)하나, 수다(水多)하면 목(木)은 물에
뜬다[浮].

⊙ 화(火)는 뇌목(賴木)하나, 목다(木多)하면 화(火)는 도리
어 꺼진다[息].

⊙ 토(土)는 뇌화(賴火)하나, 화다(火多)하면 토(土)가 파열
(破裂)한다[折].

④ 상극병(相克病)

⊙ 금(金)은 능히 극목(克木)하나 목다(木多)하면 금(金)이
이그러진다.

⊙ 수(水)는 능히 극화(克火)하나 화다(火多)하면 수(水)가
열(熱)에 무력(無力)해진다.

⊙ 목(木)은 능히 극토(克土)하나 토다(土多)하면 목(木)이
부러진다[折].

⊙ 화(火)는 능히 극금(克金)하나 금다(金多)하면 화(火)가
불기가 적어다[息].

⊙ 토(土)는 능히 극수(克水)하나 수다(水多)하면 토(土)가
산류(散流)한다.

⑤ 상극희(相克喜)

金木相剋에 春木은 無金不成器

火金相克에 秋金無火에 是不奇(丈鐵入爐 方成器)

　　　　　金實無聲, 金空則有聲

金逢火 …… 製鍊

金逢水 …… 灑麗

水土相剋 …… 水無逢土 …… 恐冷

　　　　　土不逢水 …… 恐

木土相剋 …… 木不逢土 …… 不着根

　　　　　土不逢木 …… 不疏通

음양오행(陰陽五行)에 있어 상생상극(相生相剋)의 작용원리
를 잘 이용해야 한다.

※ 고서문헌

"易有太極 是生兩儀 兩儀生四象 四象生八卦也"라 하였고, "天
一 地二 天三 地四 天五 地六 天七 地八 天九 地十 天數五","
五位相得 而各有合 二十有五 地數三十 凡天地之數 五十有五 此
所以成變化 而行鬼神也"라 하였다.

• 『地理直指原眞』「太極圖說」에는

"陰變陰 合而生 水火木金土 五氣順布 四時行焉 五行一陰陽也
陰陽一太極也 太極本無極也"라 하였다.

• 『吉書五行類』에는

" 五五行 納音五行 洪範五行 八卦五行 雙山五行 大玄空五行 小
玄空五行 三合五行"이라 하였다.

제 3 장

양택의 기본상식

다보탑 국보 20호

1. 꼭 알아야 할 풍수상식

(1) 소음(騷音)
문: 소음(騷音)에 시달리는 집은 어떤 해(害)가 있나요?

답: 가옥(家屋)에 소음(騷音)이 크고 자주 들리면 간질병(癎疾病) 환자가 출생(出生)한다.

심장(心臟)이 약해지면서 신장병(腎臟病: 콩팥병)을 유발시킨다.

정신질환(精神疾患)에 해(害)를 받게 된다.

(2) 진동(振動)
문: 진동(振動)을 자주 받는 집은 어떤 해(害)를 당하나요?

답: 주거(住居)하는 가옥(家屋)에 진동(振動)을 자주 받게되면 아무리 적은 진동이라도 특히 잠을 잘 때 진동(振動)을 받으면 해(害)가 누적되어 간질(肝疾: 지랄병) 정신질환(精神疾患)자가 출생한다.

어른은 각종 질병이 생길 수 있고 사업 실패한다.

(3) 충살(沖殺)
문: 충(沖)받는 가상(家相)은 대주(大主)가 죽는다는데?

답: 가옥(家屋)을 근처(近處)로부터 충(沖:집모서리가 보이면)을 당하면 우선 그 집은 매사불성(每事不成)이다.

그 집 대주(大主)가 3년 이내에 사망(死亡)한다는 말이다.

(4) 빌딩 앞에 가옥

문: 내 집 앞에 빌딩이 높이 서있다면 큰 해(害)를 본다면 요?

답: 주택(住宅)은 크기가 그만그만한 크기에 주택지역(住宅 地域)에서 내 집을 마련해야 좋다.

내 집 앞에 혹 10층의 빌딩이 건축(建築) 되었다면 즉시 이사를 가서 액운을 피해야 한다. 그러지 않으면 내 집은 갑자기 흉가가 되어 매사불성(每事不成)을 면(免)하기 어려 워지면서 파산(破産) 또는 대주(大主)가 죽는데 3년을 넘기 지 못한다.

실예로... 16세 독자(獨子)가 얼음이 깨져 익사(溺死)하고 차 사고 당하는 것을 많이 보아 왔다.

문: 안채보다 행낭채가 더 크면 어떻게 흉한가요?

답: 어떠한 가정(家庭)이라도 내당(內堂:안채)보다 앞의 건 물(外堂: 바깥채)이 더 크다면?

대주내외가 이혼(離婚)하게 되고

자식(子息)들이 불효(不孝)하게 되고

재산도패(財産倒敗)하고 골육상쟁(骨肉相爭)으로 집안이 망한다.

(5) 놀라면 신장(腎臟)이 해를 받는다

문: 기차(汽車)길 가까이 살면 기형아(畸形兒)가 생긴다는데?

답: 기형아(畸形兒: 배내병신)가 출산한다는 것 사실이다. 요란한 기적(汽笛)소리에 놀라니까.

● 그래서 옛날에도 천둥(天動:우레) 번개치는 비오는 날에는 새로 장가든 손자를 할아버지께서 데리고 잔다... 놀랐을 때 아기가 생기면 기형아(畸形兒)가 나기 때문이다.

● 놀라는 것은 심장(心臟)이 두근두근하게 놀라는 것 같으나 극은 신장(腎臟)이 장해(障害)를 받는 관계이다.
일체 놀라는 것은... 신장이 해를 받는다.

● 크게 놀라면... 신장이 담당하는 잉태(孕胎)한 애기가 떨어진다는 이치를 생각해보면 알 것이다.

문: 그러면 노(怒)여운 것은 어느 장부가 해(害)를 받나요?

답: 침술서(鍼術書)에 노상간(怒傷肝)이라 했다. 성나고 노여움이 겹치면 간(肝)이 상(傷)한다는 것이니 암질환(癌疾患)도 원인은 노여움에 있는 것이라 생각된다.

● 기차길 옆은 우선 정신건강(精神健康)에 장해가 많다.

● 또 기적소리와 진동에는... 하루의 노동(勞動)의 피로(疲勞)가 풀리지 않는다 그러니 피로가 누적되어 각종 질병을 유발시킨다.

(6) 풍수적 기(氣)를 받자면

문: 가상(家相)에서 풍수적(風水的) 기를 받는 이치(理致)가 있는가?

답: 택지(宅地)와 가상(家相) 내부구조(內部構造)에 따라 길흉(吉凶)의 기(氣)가 변화(變化)하는 이치가 있고 또 명당국세(明堂局勢)를 이룬 지역에 천지기(天地氣)가 조화(調和)된 기(氣)를 받기 위하여 풍수양택법(風水陽宅法)을 택하여 가옥(家屋)을 건축(建築)하는 것이다.

● 현재 천태만상(千態萬象)인 가옥(家屋)도 양택풍수(陽宅風水)의 기두공식법(起頭公式法)에다 맞춰보면 복가(福家)와 흉가(凶家)가 구별되고 거기에 길흉화복(吉凶禍福)을 알아낼 수 있는 것이 모두 이 책에 들어 있다. 이 책은 주택 풍수 인테리어와 사업 풍수 인테리어, 2권으로 나누어져 있다.

문: 가상(家相)이 좋으면 인재(人才:재주 있는 선비)가 태어난다는데 풍수이치에 맞는 말인지요?

답: 물론이지요. 풍수이치(風水理致)는 자연(自然)의 근본(根本)을 둔 학문이니까 어느 도시 촌락이라도 풍수이치에 맞는 정도의 인물(人物)이 태어나는 것이 사실이다.

2. 명당지역(明堂地域)의 실예

문: 명당 지역에서 기(氣)를 받으면 인물(人物)이 나오는가요?

답: 그러합니다. 지역적(地域的) 환경(環境)이 명당지역(明堂地域)에 명당택지(明堂宅地)라면야 택지(宅地)로서 마니 황제(皇帝)의 인물도 날 수 있다.

● 삼국유사(三國遺事)를 보면 신라(新羅)의 석달해왕(昔脫解王)이 평민(平民)때 집터가 초생달 같은 곳에서 대(代)를 이어 살다가 비범(非凡)한 인물(人物)로 태어나서 신라(新羅)에 4대에 걸쳐 임금이 되었고 훗날 풍수적으로 보니 명당택지였다는 것이 밝혀졌다는 일화(逸話: 숨어있는 이야기)가 전(傳)해지고 있다.

● 요즘 현실을 보더라도 명당지역(明堂地域)은 곳곳에 있다.

● 몇 군데 실예를 든다면 춘천시 서면에 박사(博士)마을은 현재 60명 이상이 된다는데(거기에 세계에 1위에 가는 박사 포함. 과는 미상)

● 경남 산천군 생초면에는 현직 판, 검사(判, 檢事)가 25명이나 되고 군대에서 높은 직에 있는 사람이 많다고 한다.

이는 산세(山勢)가 좋은 국세(局勢)를 이룬 명당 지역이라 천기(天氣)와 지기(地氣)가 조화(調和)가 잘된 지역이라 그러한 것이다.

● 더 한 곳을 소개하면 전라남도 월출산(月出山) 근방 성전면(城田面)이 있다. 이곳도 현직 판, 검사(判, 檢事)가 27명이나 된다하고 별, 차관급 인사가 많이 난다고 한다.
이는 월출산이 마치 서울 "불암산"을 똑 떠다 놓은 것 같이 생겨서 명산(名山)의 기(氣)를 받은 지역(地域)이라 그러할 것이고 성전(城田)이란 말 자체가 논밭(田畓) 둘레를 산세(山勢)가 성(城)을 두르 듯이 국세(局勢)의 지역환경(地域環境)이 된 명당지역이 되었다는 말이다. 인재(人才)가 많이 태어나는 것이니 이 자연이치(自然理致)의 풍수(風水) 원리를 믿어야 할 것이다.

문: 예로 흉한 가상에 기(氣)를 받으면 어떠한 영향력이 있는가?
답: 흉(凶)한 가상(家相)이란 여러 가지로 볼 수 있다.

● 지역적(地域的)으로 국세(局勢)가 흉한 곳(각종 배내병신이 난다.)
● 지질(地質)이 흉한 곳 저(低)지대 음습하고 항상 그늘 된 곳에서는 각종 질병(疾病)과 비천자(卑賤子)가 나고 기형아

(畸形兒) 출산이 두렵다.

● 패철로 보는 흉가에서는 건강(健康)이 나빠지면서 좋지 못한 운명 8자가 태어나고 매사 불성의로 곤궁(困窮)하게 일생을 살게 된다.

문: 가상구조(家相構造)에 좋은 기(氣)를 잘 받으면 운명이 달라지는가?
답: 가상구조에서 기를 변화시킨다...사업하는 운(運) 건강에 "운명"이 좋아져서 수명(壽命)이 길어지고 매사 형통하여 집안이 화목하게 되어서 가문에 발전이 승승장구하게 된다. 즉 구조에서 기(氣)를 조화(調和)시켜주는 관계이다.

문: 비오고 천둥칠 때 사람에게 어떠한 기(氣)가 전달되나요?
답: 천둥칠 때 지전(地電)과 천전(天電)이 충돌(衝突)하는 것을 천둥이라하니 천지의 기(氣)가 잠시 불안정(不安靜)될 것은 사실이다. 모든 사람에게는 잠시 놀랄 뿐이다. 새로 정액(精液)이 인간이 되려 들어갈 때 천둥소리가 요란했다면 가슴이 후당당 놀라는 순간 신장(腎臟)이 극을 받아 그 때 임신된 아기는 좋은 기(氣)를 받지 못하여 기형아(畸形兒)아니면 비천한 운명(運命)을 받고 나와 일생을 비천하게 살아갈 것이다.

문: 가상구조에서 습도가 조절되는가?

답: 구조에서 습도(濕度)가 조절(調節)되고 산소(酸素)도 조화(調和)를 이룬다... 단 그 가내 구조가 제일 큰 방간(房間)이 가옥(家屋) 중앙(中央)에 위치했을 때이다.

문: 요즘 아파트 거실(居室)이 크면 좋겠네요?

답: 물론이지요... 그런데 커도 정사각(正四角)으로 커야지 길게 큰 것은 도리어 반대 현상이 일어난다(흉조의 현상이다)

◆ 더 해둘 말

가옥은 황토로 지어야 습도, 산소가 많고 좋다.

실제 예)

● 시골에서 누에(蠶)를 사육하는데 황토방 집에서는 100% 실 만드는데 누에가 성공을 했다.

● 콘크리트 벽돌로 크게 잠실(蠶室)을 짓고 누에를 사육했는데 황토방과 시멘트 차이인지 80% 실패 했다는 것이다.

● 이를 생각할 때 미물이 황토방과 세멘콘크리트의 차이를 민감하게 나타냈다.(황토는 수분 조절이 되고 시멘트는 수분 조절을 못한다)

● 이와 같으니 우리는 아파트에 살더라도 안벽은 황토 벽돌을 사용한다면 옛날 황토방 집과 다를 것이 없다.

◈ 퇴보하는 벽지 시대

● 또 하나는 벽지이다. 화려하고 발전된 것 같지만 아주 망하게 변질되어 가고 있다.

● 고급품 벽지란 화려한 그림 위에 비닐이 코팅되었다. 그러니 습도 조절이 더 안 되는 이치라 할 수 있다.
※만약 황토방 구조라면 한지와 같이 공기가 통하는 얇고 화려한 벽지가 개발되어야 할 것이다.

● 그보다 급선무는 국가적 차원에서 기존 건물이나 새로 건축하는데 내부 황토방 방식을 실행해야 할 것이다.

3. 잠잘 때 머리두는 길(吉)방향

문: 잠을 잘 때 머리를 두는 방향도 풍수적으로 길 방향이 있는가?

답: 물론 길 방향(吉方向)이 있는 것이다. 북두단명이란 속담은 모르는 사람이 없다. 북두단명(北頭短命)이라 북쪽으로 머리를 두고 자면 명(命)이 짧아진다는 말이고 보면 머리를 두는 길(吉)방향을 찾아야 할 것이다.

문: 어느 쪽이 좋은가요?

답: 우선 고서(古書)를 보면 아래와 같다.

◈ 고서 문헌

① 북 北 ... 북두단명(北頭短命) 생명이 짧아진다 했고

② 남 南 ... 남두강신(南頭強身) 기골(奇骨)이 왕성해짐

③ 동 東 ... 동두생뇌(東頭生腦) 두뇌가 생하여 밝아진다 하고

④ 서 西 ... 서두쇠신(西頭衰身) 몸이 쇠약해지는 것이라 했다.

그래서 옛날 왕궁에서는 세자가 거처하는 곳을 궁내에서도 동(東)쪽의 동궁(東宮)에 거처하도록 하고 베개도 동쪽으로 놓아 잠을 자게 했다는 것이다.

① 풍수속답(상식)

문: 안마당에 우물(井)이 깊으면 집안이 망한다면서요?

답: 안마당에 우물이 있으면 망하는 것은 실제 경험한 바 몇 번 있었으나 과학적(科學的)으로 해답하기는 어렵다.

● 그러나 옛날 방고래를 놔 본 이치로 알 것이다. 또 습기(濕氣)가 흉한 징조이다.

● 둘째는 습도(濕度)가 품어져서 산소(酸素)에 장해를 주어서 질병(疾病)이 많이 나고 인체(人體)의 쇠약(衰弱)증으로 망하는 것이라 보아진다.

● 셋째, 이는 역시 풍수자연(風水自然)의 이치(理致)라 할 수 있다.

② 속담

문: "도투마리 집에서 잘사는 것 보았는가" 하는 말이 있다.

답: 도투마리란 (옷감) 베를 짤 실 감는 H자형을 말한다.

첫째, 이는 가상학(家相學)에서 제일 흉(兇)한 가상으로 보는 형상(形象)이다.

둘째, 패철(佩鐵)로 감정하는 데는 기두(起頭)가 두 곳이 되어 흉가로 판정되고 측정(測定)도 못할 만치 흉가(凶家)이다.

③ 아들만 낳는 집

문: 아들만 잘 낳는 집도 풍수이치에 있나요?

답: 풍수이치(風水理致)에 아들(男兒) 잘 출생(出生)하는 집이 있기는 하나 실제는 여식(女兒)도 나고 생남(生男)이 더 많은 것이지 어찌 생남(生男)만 한다고 하랴 중요한 것은 그 집에 대(代)를 이어 오래 살게 되면 가능한 이야기다.

● 고서(古書) 양택삼요(陽宅三要)에 보면 다음과 같은 구절이 있다.

◈ 양택삼요 화상가(化象歌)

• 순음(純陰)은 매년(每年)에 질병(疾病)이 많고 순양(純陽)은 재(財)는 왕(旺)하나 자손(子孫)이 없다.

• 안에서 외효(外孝)를 극(克)하면 도적(盜賊)이 못 들어오고 바깥에서 내효신(內孝身)를 극(克)하면 주신(主身)이 상(傷)한다.

• 음(陰)이 양궁(陽宮)에 들어가면 여식(女息)이 먼저 출생하고 양(陽)이 음궁(陰宮)에 들어가면 생남(生男)을 먼저 한다.

• 이상은 건물구조(建物構造)를 고서(古書)대로 꾸미면 이상과 같이 된다.

4. 정원수와 화분

(1) 정원수(庭園樹)에 대하여

정원은 정사각을 이루면 재산(財産)이 모이고 정원수(庭園樹)를 풍수이치에 따라 심으면 만사형통할 것이다.

정원에 나무를 잘못 가꾸고 청결치 못하고 불량하게 사용(使用)되면 재물(財物)이 흩어지고 구설(口舌)이 거듭되고 부녀에게 질병(疾病)과 매사불성이다.

(2) 뒤 정원에 대하여

뒤뜰이 크면 첩이 생긴다는 속담과 같이 여(女)는 재(財)요 그러니 재산(財産)이 그 곳으로 갈라지지 않으면 주부의 힘이 쇠약증으로 요수한다.

• 뒤뜰이 클 때 꽃나무로 단장하면 작은 사람이 생기는데 그것도 미인(美人)으로 유처취첩(有妻取妾)하게 된다.

• 후원(後園)에 문이 있으면 처첩 한 것을 모두 알게 되고 문이 없으면 비밀에 대주의 신선당(神仙堂)이 된다.

문: 정원수(庭園樹)를 가꾸는데 풍수이치(風水理致)로 하자면?

답: 정원에 나무를 가꾸는데도 길흉(吉凶)의 나무가 있다. 가꾸는 요령도 풍수이치를 따라야 한다.

● 흉한나무 … 수양버들 오동나무 = 가시나무 = 모과나무
를 심으면 각종 질병이 생긴다.

● 넝쿨이 지는 나무 일체는 흉하다 … 등나무 = 포도나무
= 넝쿨장미 그 외 뻗어가는 나무를 심으면 가정불화하고
사업에 매사불성인데다가 파산까지 우려된다.

● 고목된 나무 괴이한 작품화 된 나무는 해롭다 … 가정에
우환이 생기고 크면 관재구설 매사불성 영업 진급 출마 각
종고시 모두 실패한다.

● 정원에 모든 수목(樹木)이 어린 것을 심어서 집의 일층
키를 넘는 것은 불길하다.

● 대개 향나무를 운치있게 가꾸는데 아름다운 것이다. 지
붕 키 이상 크면 해롭다.

◈ 주의점
● 새집을 지으면 여러 가지 정원수를 많이 심는다. 10년이
지나 20년 가까이 되면 나무숲이 져서 울창하다 마치 깊은
산(山)속을 들어온 좋은 기분이다 = 이렇게 되면 그 집은
벌써부터 파산의 조짐이 보인다.(전부 뽑아 버리고 애기나
무로 새로 단장하면 화를 면한다)

◈ **정원수 심는 방법**

● 정원 둘레 변에 30cm 높이로 개천돌 또는 벽돌을 이쁘게 쌓고 드문드문하게 탐스러운 나무만 심는다.

● 정원 중심둘레에 안에는 "잔디"만 심어야 한다.

● 정원 내에 여기저기 나무를 심으면 재산이 손해나고 가정에 구설, 매사불성이 생긴다.

(3) 실내(화분) 꽃나무에 대하여

● 실내에 가꾸는 화분 꽃은 헤아릴 수 없다.

● 난초 종류는 모두 길하다 …… 난초가 꽃을 피우면 집안에 큰 경사가 난다.

● 화분에 나무가 적어야 좋은 것이다 …… 너무 크고 말라죽은 잎이 있으면 집안에 구설과 발전이 없다.

● 베란다의 화분도 갯수가 5개 이내가 좋으며 …… 꽃이 피면 집안 경사이다.

● 사무실 내에 화분은 천장 높이에 닿을 정도 크면 ……
사업에 장해가 온다.

● 나무 중에 늘어지는 나무는 금물이다 …… 사업발전에
장해가 온다.

● 화분이 많아 이 구석 저 구석 많이 놓여 있는 것 …… 불
길하다.

● 나무 가지가 꼬여 있는 것 …… 아주 불길하다 되는 일
을 막아 버리는 해(害)를 본다.

● 책상 위에 올려놓을 수 있는 화분이 가장 길하다.

제 4 장

■

바람과 明堂宅地

1. 살풍에 대하여
(1) 계곡살풍(溪谷殺風)

1) 계곡(溪谷)에서 생기는 자생음풍(自生陰風)을 살풍(殺風)
이라 한다.

2) 협곡(峽谷)의 질풍(疾風:쏘는 바람)은 더 무서운 살풍(殺
風)이다.

3) 태양(太陽)의 기(氣)를 받지 못하면 바람도 살풍(殺風)이
된다.

★ 살풍(殺風)

음곡살풍(陰谷殺風)이란 깊은 계곡(溪谷)에서 자생(自生)되는 음풍(陰風)을 말함이요, 또 강하게 쏘는 질풍(疾風)의 바람이다.

더 무서운 것은 협곡(峽谷)의 질풍인데 험준(險峻)한 곳에서 쏘는 바람이다.

그림과 같이 계곡 앞에 집들은 살풍(殺風)으로 인하여 질병(疾病)과 파산으로 망하는 곳이다. 풍수(風水)에서 이를 망지(亡地)라 한다.

살풍(殺風)으로 인한 피해란 만물의 결실(結實)에도 장애가 되는 것이다.

● 이상과 같은 계곡(溪谷)앞에는 마을이 형성 되었다가도 얼마 안가서 망하게 되어 살기 어려워 한집, 두 집 떠나가니까요.

(2) 협곡질풍(峽谷疾風)

1) 협곡(峽谷)의 질풍(疾風)은 무서운 살풍(殺風)이다.

　살풍(殺風) 해(害)로는 모두 질병(疾病)인데 내장병(內臟) 이 생기고 둘째, 매사불성(每事不成)에다 3년이 되면 파산 (破産)하고 흉가(凶家)로 홀로 서 있게 된다.

2) 그림에 ①, ③, ④번 집은 협곡(峽谷)의 질풍(疾風)을 맞는 집이다. 이를 풍수(風水)에 흉가(凶家)라 한다.
②번 집은 바람을 피했으니 흉가(凶家)를 면했다.

3) 가옥(家屋)은 반드시 계곡 바람을 피하고 향(向)을 막론하고 평평(平平)한 곳을 향하여 세워야 명당택지(明堂宅地)요. 명당집이 된다.

※ 집터는 야산비산비야(野山非山非野)라야 한다. 야산지역은 들판이 크고 야산(野山)이 적게 생기고 그 들판 둘레가 명당지역(明堂地域)이고 이를 풍수(風水)로 말하자면 명당국세(明堂局勢)라 한다.

※ **명당국세의 차별**
우리나라 가장 큰 명당국세는 현 서울 한양국세(漢陽局勢)이다. 그 다음은 광역시 일것이며 점차로 촌락(村落)까지에 명당국세를 이루지 못하면 마을의 형성이 되지 못하고 패촌(敗村:가세가 기우러지는 마을)이 되고 만다.

● 패촌이 된 곳은 많이 볼 수 있다. 특히 길게 장곡(長谷)이 된 그 앞이 패촌이 되는 것이다. 장곡(長谷)의 살풍(殺風)때문이다.

(3) 부딪치는 살풍(殺風)

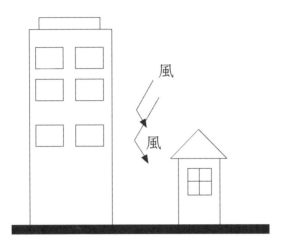

1) 높은 빌딩 옆에 가정집이 있으면 살풍(殺風)을 받아 흉가 (凶家)가 되어 매사불성(每事不成)으로 가정(家政)에 발전이 없다.

2) 큰 빌딩 사이에는 자생음풍(自生陰風)으로 흉한 살풍(殺風)이 생기게 된다.

3) 빌딩 벽에 부딪치는 바람은 질풍(疾風)과 같다.

4) 빌딩 옆에 작은 건물(建物)은 기압세(氣壓勢)에 눌려 가정(家政)에 발전이 없다.

5) 출세, 진급, 사업(事業) 번창에 매사 불성이고 위인(偉人)도 태어나지 않는다.

※ 부딪치는 바람
벽에 부딪치는 살풍(殺風)을 맞으면 건강(健康)과 행운(幸運)도 같이 잃는다.

※ 살풍(殺風)의 이치(理致)
① 산간벽지(山間僻地)에서 생기는 자생살풍(自生殺風)
② 높고 좁은 빌딩 사이에서 생기는 자생살풍(自生殺風)
③ 막다른 골목에서 변화되는 살풍(殺風)
④ 건물(建物)도 극히 좁은 공간에서는 살풍(殺風)으로 변화(變化)된다.
⑤ 바람은 좁은 공간(空間)을 통과하면서 살풍(殺風)으로 변한다.
(속담 : 바늘 구멍에서 황소바람 들어온다. 감기 조심하라는 말이 있다.)
⑥ 바람이 큰 벽에 부딪쳐도 살풍(殺風)으로 변한다.
⑦ 쏘는 바람이 살풍(殺風)이다. 고서에서 질풍(疾風)이 살풍(殺風)이라 했다.

※ 선풍기 바람

요즘 선풍기 바람 쐬고 자다가 죽었다는 TV 뉴스에서 많이들은 바가 있다.

선풍기 바람은 벽에 부딪치는 바람같이 흐트러져서 산소 형성이 깨져서 살풍(殺風)으로 변하게 된다.(즉 산소"O₂"가 깨진다는 뜻이다.)

※ 같은 그림 연결로 보기

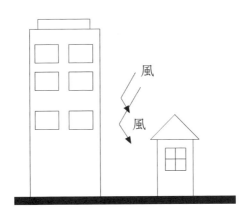

택지(宅地) 선택은 촌락이나 도시(都市)에서도 가려야 할 곳이 많다. 고서(古書)에 보면 음곡자생풍(陰谷自生風)은 살풍(殺風)이라 했고 계곡(溪谷) 앞에 집을 짓고 살풍(殺風)을 맞고 살게 되면 우선 대주가 3년을 넘기지 못하고 '죽는다,라는 구절이 있다. (자생음풍은 높고 좁고 깊은 곳에서 생기는 것이 가장 무서운 것이다.)

● 촌락은 계곡풍을 피해야 하고 도시는 큰 빌딩 옆을 피해야 한다.
● 바람풍(風)이란 야산 주변 평지에는 바람이 안정(安定)되어서 그 곳을 명당(明堂)이라 하고
● 산간벽지의 계곡에서 생기는 자생음풍(自生陰風)은 살풍(殺風)이라 하여 망지(亡地)의 고장이라 한다.

※ 질풍(疾風)이 되다

즉 바람은 좁은 곳을 통과하거나 큰 벽에 부딪치면 살풍(殺風)으로 변한다는 것이다.

살풍(殺風)을 호흡하면 각종 질병(疾病)이 생기고 건강(健康)을 잃으며 파산(坡産)과 이혼(離婚)같은 피해를 당한다.

※ 골목 막다른 집이 흉가(凶家)

도시에서 막다른 골목의 막다른 집이 흉가(凶家)라는 것은 상식화된 이야기이다. 근본적(根本的) 이치(理致)도 골목에서 살풍(殺風)으로 변한 바람을 받기 때문이다.

※ 빌딩 옆집 흉가(凶家)

그림과 같이 큰 빌딩 사이에 있는 주택(住宅)도 흉가(凶家)에 해당된다. 원인은 큰 빌딩 사이에 자생음풍(自生陰風)이 주 원인이 되고, 둘째는 큰 건물(建物)에 부딪치는 바람이 즉 산소가 깨져서 살풍(殺風)으로 변하기 때문이다.

※ 길흉론

  이와 같은 집에서 살게 되면 건강(健康)이 쇠약해지고 살풍(殺風)에서 행운(幸運)의 기(氣)를 받지 못하게 되어 점차 가난해지면서 백가지 질병(疾病)을 면할 수 없게 된다.

  이와 같은 이치(理致)로 가문(家門)에 발전도 더욱 희망을 잃게 된다.

2. 쌍동가상(杜童家相)

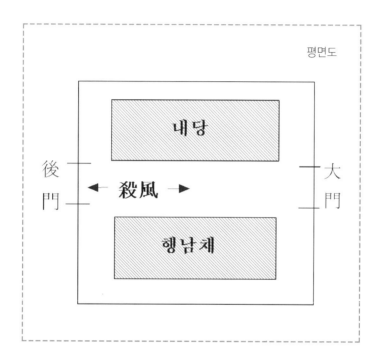

★ 쌍동가상(杜童家相)은 흉가(凶家)이다.

　그림과 같이 평면의 크기, 높이의 크기, 모양의 크기가 꼭
같을 때 이를 쌍둥이 가상(家相)이라 한다.

※ 그림설명
① 그림에 좁은 공간(空間)은 살풍(殺風)이 생긴다.

② 쌍동가상(杜童家相)은 쌍기두(杜起頭)의 이치(理致)로
흉가(凶家)이다.

③ 좋은 산소는 해 돋을 때(日出時) 변화(變化) 된다.

※ 쌍동가상(杜童家相)

쌍동가상(杜童家相)이란 어떠한 형태이든 한 정원(庭園)
내에 쌍둥이 같이 배치되는 것을 말한다.

이 그림은 좁은 공간(空間)이 길게 생겨 살풍(殺風)으로 변
하여 더욱 흉가(凶家)이다.

※ 길흉화복(吉凶禍福)

흉가(凶家)란 옛말에 파산(坡産), 이혼(離婚), 관재구설(官
災口舌)등 재앙(災殃)으로 3년을 넘기지 못한다라는 말이
있다.

또 그림과 같은 좁은 공간(空間)에 살풍(殺風)에는 기형아
(畸形兒), 저능아(低能兒)의 출산이 많다.

정원(庭園)의 공간도 좁지만 두 건물(建物)도 길고 좁다.

하늘에 기(氣)를 고루 받지 못하는 데에도 원인이 클 것이다.

※ 길한구조

가옥(家屋)은 좋은 구조(構造)에서 기(氣)가 음양오행(陰
陽五行)의 작용으로 길(吉)한 산소로 융화(融和)된다는 것
이다.

현재 우리가 살고 있는 도시는 많은 공기(空氣)의 공해가 있다. 그러나 가상(家相)의 구조(構 造)가 잘 되어 있으면 좋은 기(氣)로 정화된 공기를 호흡(呼吸)하기 때문에 그 집에 사는 사람에게는 공해의 해(害)를 받지 않는다.

도리어 행운(幸運)의 기(氣)도 받게 되어 운세(運勢)가 트이기도 한다. 이는 자연(自然)의 원리(原理)가운데 생(生)하고 극(克)하는 이치가 있기 때문이다.

※ 같은 그림 연결로 보기

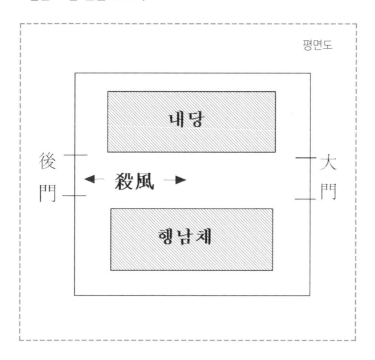

※ 기(氣)

사람은 좋은 기(氣)로서 건강(健康)해지고 건강한 가운데 행운(幸運)도 따르게 되어 있다. 그와 같은 진리(眞理)로서 이세(二世)가 출생되면 좋은 사주(四柱)로 태어나게 된다는 진리(眞理)가 있다.

이상과 같이 공기의 뜻이 잘 이해(理解)가 안 된다면 이해(理解)가 쉽게 될 이야기가 하나 있다.

※ 필자의 경험담

필자의 40년 전의 이야기다. 군대 생활에서 화랑 담배를 5년 이상 애연가 10명을 대상으로 정액(精液)을 뽑아서 생사(生死)구별을 시험해 본 일이 있다.

그 중 90%가 정액(精液)이 이세(二世)를 생산(生産)할 수 없는 정액이 되어 있었다.

물론 필자(筆者)도 5년 만기로 제대를 했으니까 정액이 죽었다는 것이다.

나는 근본(根本)이 죽어 있구나, 하는 충격으로 금연을 한 것이 현재까지 담배를 못 피는 사람이 된 것이다.

3년 정도의 해가 돋을 때 푸른 나무 숲 속을 달리며 운동을 하여 3년 후부터 정상을 되찾게 되었다.

  그 때 군의관 말씀이 아침 해가 돋을 때 좋은 산소로 변화
(變化)된다는 설명이었다.

  필자는 그 때부터 사람이 호흡(呼吸)해서 건강(健康)해지
는 공기에 대한 나름대로의 동양철학(東洋哲學)을 바탕으로
양택(陽宅) 공부(工夫)를 시작한 셈이다.

  우리가 알고 있는 '만 미터(10,000m) 대기권 내는 모두
산소가 있는 공기다.'라는 것보다 가옥(家屋)의 구조에서
변화(燉化) 되는 산소(酸素)가 건강(健康)의 기(氣), 행운(幸
運)의 기(氣)로 이뤄져서 저마다 사는 집에서 인격(人格)의
격차, 부귀(富貴)의 격차가 생긴다는 것을 양택(陽宅) 풍수
(風水)이치에서 많은 실험 실습을 통한 통계적 재료를 글로
쓰고 있다.

(5) 기압세(氣壓勢)에 눌린 가상(家相)

※ 앞 집이 높으면 해(害)를 본다

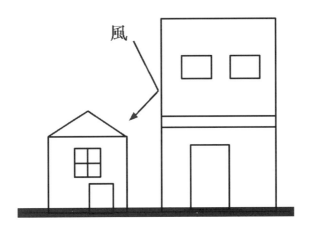

2) 그림과 같이 앞집이 높은 곳에 이사가면 3년 내에 패가(敗家)한다. 살풍(殺風)과 기(氣)가 조화(調和) 되지 못한 관계이다.

3) 사업(事業)이 번성하다가도 앞집을 높이 올려서 답답하게 막히면 즉시 파산하게 된다. 심할 때는 대주가 죽거나 장남이 다친다.
앞집 보다 더 높이 건축하면 해(害)가 없다

(6) 건물(建物) 사이의 살풍(殺風)

※ 막다른 골목집은 흉가(凶家)

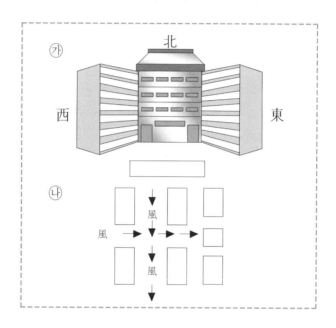

1) 막다른 골목 집은 흉가(凶家)이다. 원인은 골목 안에서 살풍(殺風)으로 변하기 때문이다. 높고, 좁고, 길수록 흉한 살풍이 조성된다.

2) 그림 같이 높고, 길고, 좁은 공간(空間)에서는 자생음풍(自生陰風)의 살풍(殺風)까지 생겨서 더 흉(凶)하게 산소(酸素) 부족이 된다.

3) 그림 같이 바람에 맞는 집은 모두 흉가(凶家)이다. 모두 매사불성(每事不成)이요 재난(災難)과 백가지 질병(疾病)을 면하기 어렵다.

4) 막다른 골목집이라도 = 골목이 넓고 깊이가 짧으면 골목 살풍에 장해를 받지 않는다.

5) 살풍에는 곡식도 제대로 여물지 않는다. ("벼"이면 싸래기가 많이 생긴다.)

6) 살풍(殺風)이란 산소(酸素)가 결핍(缺乏:축나서 모자람. 있어야 할 것이 없음. 다 써서 없음) 되는 것을 말한다.

제 5 장
■
가상의 기본(家相의 基本)

1. 가상의 3대 요소(家相의 三大 要素)

※ 택지(宅地)와 가옥(家屋)을 선택하는 데나 새로 건축 (建築)하는데 반드시 지켜야 할 삼대 요소(三大要素) 가 있다.

※ 3대요소

① 배산임수(背山臨水)하고 … 건강장수(健康長壽)한다 했고

② 전저후고(前低後高)하고 … 세출영웅(世出英雄)이라 하며

③ 전책후관(前窄後寬)하고 … 부귀여산(富貴如山)이라 했다.

(1) 삼대요소 해설

1) 배산임수(背山臨水)

산(山)을 등지고 평평한 곳을 바라보고 건물(建物)을 안치라는 뜻이고 그래야 그 집의 가족들이 건강(健康)하고 장수(長壽)한다는 뜻이다.

2) 전저후고(前低後高)

한길에서 내 집 정원(庭園)을 들어설 때 약 1미터 가량 올라가도록 하고 또 정원에서 약 1~2미터 높이 위에 건물(建物)을 세워야 한다는 뜻이고 그래야 그 집에서 영웅호걸(英雄豪傑)이 배출된다는 뜻이다.

3) 전책후관(前窄後寬)

내 집을 들어설 때 대문(大門)부위가 좁으면서 정원에 들어서면 건물(建物) 평수(坪數)에 비하여 너그러운 정원의 평수가 되어 있어야 하고 그래야 그 집에서 부(富)와 귀(貴)가 태산과 같이 왕성하게 된다는 뜻이다.

1) 배산임수도(背山臨水圖)

　배산임수(背山臨水)에 있어 수(水)를 물로만 풀지 말고 평평(平平)으로 해석하지요.

　그러니까 평평한 들판을 바라보고 평지에서도 높은 언덕이라도 의지하여 건물을 지어야 하고 시내에서 북향으로 대지가 되었더라도 북향 건물을 지어서 배산임수(背山臨水)하는 것이 자연의 순리라 보는 것이다.

※ 배산임수(背山臨水) 해설

1) 배산임수(背山臨水)란 "그림"과 같이 산(山)을 뒤로 하고
   앞은 평평한 들판을 바라보고 건물(建物)이 앉아야 집안
   모두가 건강(健康)하고 장수(長壽)한다는 뜻이다.

2) 도시 비산비야(非山非野)의 언덕이라도 동, 서, 남, 북의
   향(向)을 가리지 말고 낮은 곳을 향하여 세운 집을 선택
   할 것이다.

3) 남향(南向)만 고집해 뒤에 축대를 쌓아서 배산임수(背山
   臨水)를 역(逆)하여 지은 집은 우선 재산에 손해가 있다.
   공기(空氣) 조화(調和)가 고르지 못하게 되어 각종 질병
   이 많이 생길 수 있다.

2) 전저후고도(前低後高圖)

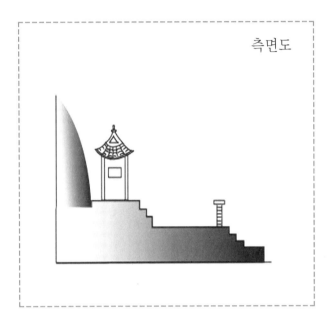

측면도

1) 전저후고(前低後高)란 그림과 같이 길에서 내 집 정원(庭園)을 올라서도록 되어야 하고 또 정원에서 1-2 미터 높이에 건물이 세워져야 집안에 귀(貴)한 인물(人物)이 태어나고 영화스러운 일이 거듭된다는 것이다.

☆ 속담에 이르기를 내 집에 들어설 때는 담 한 발짝이라도 올라서야 귀(貴)함이 되지 내려서게 되는 것은 흉가(凶家)라 했다.

3) 전책후관도(前窄後寬圖)

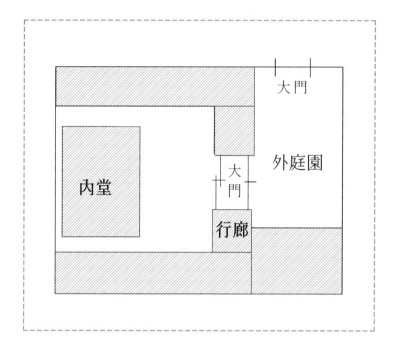

이조한옥시대(李朝漢屋時代)에 구중궁궐(九重宮闕:임금님의 대궐)이다. 또 왕후(王侯)의 집 구조(構造)나 삼공(三公:영의정, 좌의정)들이 살던 저택(邸宅)들이고 양택삼요에 맞도록 되어 있는 것이다.

※ 그림해설

1) 그림은 이조한옥(李朝漢屋)이 표상이다. 바깥 대문(大門)을 들어서서 좁은 곳을 통과하고 다시 안대문(內大門)을 들어서면 내당(內堂) 건물이 서 있고 정원(庭園)도 기본형인 정사각형으로 되어 있다.

2) 내당을 부속 건물(建物)로 담장 역할로 잘 보호되었고 대문(大門)도 외대문(外大門)과 안대문(內大門)이 설치되어 정원이 안정감 있다.

3) 정원(庭園)은 음(陰)이라 재산(財産)과 부녀(婦女)로 본다.(정원이 정상되어야 부자(富者)가 되고 부녀(婦女)의 건강(健康)이 좋다.)

4) 대문(大門)은 양(陽)이라 귀(貴)로 본다. 대문(大門)이 그림 같아야 출세, 귀인출산, 영업번창이 된다. 그래서 부귀여산(富貴如山)이라 한 것이다.

5) 정원은 건물편면(建物坪面)에 2.5배 이상이면 허(虛)한 상(相)이라 흉상(凶相)이고 또 건물 평면보다 작은 것도 허(虛)한 상(相)이라 없는 것과 같다.

4) 전광후책도(前廣後窄圖)

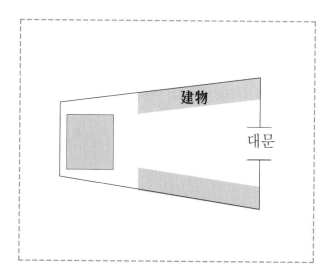

1) 이 그림은 전책후관(前窄後寬)의 반대가 되는 흉가(凶家) 이다.

2) 전광후책(前廣後窄)이 되면 손재(損財)가 생기고 부녀(婦女)에게 각종 질병(疾病)이 생긴다.

3) 집안 일이 모두 매사불성(每事不成)에 기형아(畸形兒), 저능아(低能兒)를 출산한다.

2. 가상의 기본학(家相의 基本學)

(1) 길상의 기본도

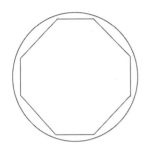

1.원형도
2.팔각형도

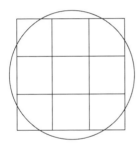

3. 3:3 정4각형도

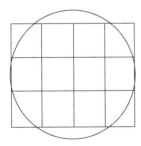

4. 3:4 직사각형도

★ 그림 ① 원형과 ② 8각형도 해설

1) 원형도

사택(舍宅)에 가장 길한 가상(家相)의 평면(平面)을 말하자면 ①번 원형이 기본(基本)이 되는 것이다. 그러나 원형으로 가정사택(家庭舍宅)을 꾸밀 수는 없다. 왜냐하면 내부구조(構造)를 하는데 3각형의 흉상(凶相)이 생기기 때문이다.

2) 8각형도

8각형은 원형에 제일 가까우나 이도 역시 4각형의 내부구조를 하는데 불가하여 가정사택(家庭 舍宅)으로 불가하다.

그러나 8각형은 귀한 형상이라 팔각정(八角亭)이라는 정자각(亭子閣)으로 풍수(風水)를 숭상(崇尙)하던 이조시대(李朝時代)에 많이 이용되어 현재도 귀(貴)한 고궁으로 많이 볼 수 있다.

3) 정4각형

원형에 3번째 가까운 것이 정사각형(正四角形)이다. 정사각형을 3 : 3으로 줄을 그려보았다.

원형에 표준(標準)을 3번째 가깝고 내부구조(內部構造)가 편리하게 될 수 있으나 양택풍수(陽宅風水) 이치로 편하다면 외형이 정사각형이라 앞, 뒤(前後)의 분별이 없어 개성(個性)이 없는 무의미한 허(虛)한 상(相)이 되어 가정사택(家庭舍宅)으로는 불가하다. 다음은 직사각형으로 한다.

4) 직사각형도

3 : 4의 직사각형이다 정사각형을 3등분하여 한 등분을 더하여 3 : 4의 형상이다.

이것이 가상(家相)의 평면(坪面)으로는 가장 길한 평면의 기본(基本)이 되겠다. 모든 건물(建物)를 대소에 따라 3 : 4의 비율로 하면 된다. 빌딩도 3 : 4의 비율로 한다면 더 없이 좋을 것이다 이상이 길(吉)한 가상평면(家相坪面)에 기본(基本)이 된다.

(1) 입상의 길흉(立相의 吉凶) 보기

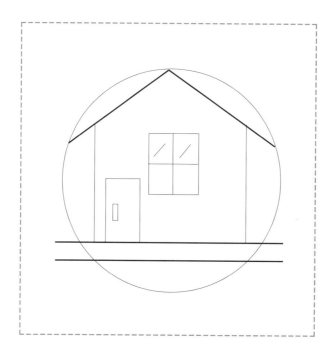

1) 가상(家相)의 길흉(吉凶) 보기

2) 그림은 측면(側面)의 입상(立相)이다.

3) 가상(家相)의 길흉(吉凶)을 판별(判別)할 때는 가상(家相)의 평면(坪面) 입상의 전면(立相의前面)이나 측면 등이 그림과 같이 둥근 원형 속에 담아 본다.

※ 원형 속에 가득하면 길상(吉相)이고, 원형 속에 많이 부족한 것 또는 많이 넘치는 것은 흉상(凶相)이다.

1) 내부 방간의 구조(內部 房間의 構造) 설명

2) 내부의 각 방간(房間)은 정사각형(正四角形)을 기본(基本)으로 한다. 쉽게 설명하자면 둥근 "공"을 방간에 넣었을 때 4면의 벽과 천장, 방바닥에 꽉 차있는 것을 뜻한다.

3) 그 원리(原理)는 공기(空氣)가 둥글게 순환(循環)하여 길(吉)한 정기(精氣)가 변화(變化)하기 때문이다.(즉 산소 형성이 많이 되는 원리가 있다.)

4) 세상만물(世上萬物)의 진액(眞液)이 생체로서 응고(凝固)할 때는 계란 같이 둥글게 뭉치는 것이 자연(自然) 원리(原理)의 이치(理致)다.

(2) 입상의 길흉(立相의 吉凶)보기

1) 그림과 같이 원형에다 비춰보니 폭이 많이 좁다. 이상과 같은 가상(家相)은 흉상(凶相)이다.(또는 빈상(貧相)이라고도 한다.)

2) 가상(家相)의 구조가 균형(均衡)이 깨지면 산소(酸素) 형성도 조화를 이루지 못한다. 이에 따라 사람도 부족한 에너지를 호흡하게 된다. 부족한 산소에는 건강에 해롭다.

3. 길흉 가상론(吉凶 家相論)

(1) 길한 가상론

※ 양택풍수(陽宅風水)의 가상법(家相法)은 가정주택(家庭住宅)을 근본(根本)으로 하여 발상된 것이다.

1) 외부의 가상(家相)이 길(吉)해야 하늘의 천기(天氣)를 고루 받는다.

2) 내부 구조(構造)에서 천기(天氣) 지기(地氣)로 좋은 정기(精氣)로 변화된다.

3) 정기는 식어가는데 행운(幸運)의 운세(運勢)가 되고 새로 태어나는 자손에게까지 좋은 사주팔자(四柱八字)로 이어진다.

4) 반대로 흉(凶)한 가상(家相)에서는 행운(幸運)의 기(氣)를 받지 못하게 되어 차사고 같은 불행까지 겪게 되는 것이다.

5) 길한 가상법(家相法)이란 생활하는데 편리하고 안락한 생활공간을 꾸미는데 근본이 있다.

6) 가상(家相)구조(構造)에서 기(氣)가 변화된다. 순환(循環) 공기(空氣)를 조절하는데 외형과 내부구조 대문과 방문 창문까지도 풍수(風水) 자연(自然) 원리에 맞도록 하는데 어느 공간이라도 산소 형성이 잘 되도록 원리를 두고 있다.

7) 가상(家相)이라는 것은 집의 모양세를 말한다. 그 모양세의 가상이란 사람의 관상과도 같아서 좋은 인상에 부귀영화(富貴榮華)가 나타나듯이 가상(家相)도 길상(吉相)이래야 그 집에서 살아가는데 건강은 물론 잘 살 수 있고 부귀 영화할 사주팔자(四柱八字)의 인물도 태어날 수 있는 것이 가상법(家相法)이다.

8) 외부의 길(吉)한 가상(家相)에서는 천기(天氣)를 고루 정상적으로 받으며 내부 구조에서는 지기(地氣)와 변화(變化)되어 산소형성이 오행(五行:金木水火土)으로 순환(循環)되어 사람에 이로운 에너지로 변화되어서 그 정기(精氣)로서 건강과 더불어 잘살게 되고 또 그 정기는 살아가는데 행운(幸運)까지 되어 준다.

9) 사람이 사주팔자(四柱八字)를 좋게 받아 태어나는 것도
   길(吉)한 가상(家相)과 길한 내부구조(構造)에 있다.

   그 좋은 공기 변화(變化)로 건강(健康)한 체력으로 변하
   고 정신 건강(健康)으로 이어져서 인생(人生)의 부귀영화
   의 이치(理致)가 좋은 가상(家相)에 근본이 있다는 것이
   다.

(2) 흉한 가상도 (凶한 家相論)

1) 흉(凶)한 가상(家相)이란 외모가 단정하지 못하고 일그러진 모양세를 말한다.
   자연의 법(自然의 法)에는 순리(順理)와 역리(逆理)가 있다.

2) 건축에 있어 이러한 작품을 구상하다보니 액세서리화 된 작품에 건물(建物)이 되어 자연(自然)의 순리(順理)에 벗어난 흉상(凶相)의 건물(建物)로 변하여 가고 있다. 이는 고급 건물(建物)일수록 더욱 심하다. (고급 주택. 빌라. 빌딩 등)

3) 흉상(凶相)은 망하는 집이다. 이와 같은 이치로 인생(人生)의 운명(運命)이 달라진다. 인격(人格)과 부귀(富貴)의 격차가 생기게 되고 또 이세가 좋은 운명(運命)의 팔자(八字)를 받을 수 없게 된다. 가옥(家屋)의 모양세가 단정하지 못하고 불균형한 것을 흉가(凶家)라 한다.

(3) 길, 흉 가상도(吉. 凶 家相圖)

1) 굴곡된 건물

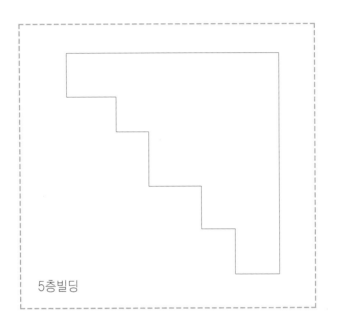

5층빌딩

※ 흉가(凶家)의 설명

- 요즘 설계로 아름다운 작품이 구상되었다.
- 이를 양택 풍수로 본다면 가장 흉한 가상으로 판정된다.
- 관제구설
- 매사불성
- 재산 소해로 파산을 면키 어렵다.

2) 요(凹)형 건물

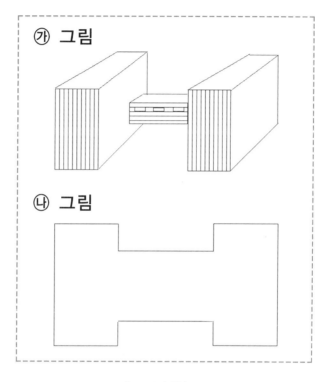

㉮ 그림

㉯ 그림

《凹形建物》

130

- ㉮ 그림해설

① 쌍동(雙童) 건물(建物)은 흉가에 속한다. 한 회사에서 사용한다 해도 파산을 면하기 어려운 매사불성(每事不成)이다. 관재, 파산우려.

② 양쪽 건물에 연결된 것이 더 흉상이다.

- ㉯ 그림해설

① 건물(建物)에 모양을 내다보니 아름다운 설계이다. 자연(自然) 풍수(風水)의 이치를 보면 흉가(凶家)이다.

② 흉가(凶家)에서는 사업(事業)에 성공(成功) 하기 어렵다.

㉯ 그림은 도투마리(삼베를 짤 때 실 감는 것) 집에서 잘 사는 것을 보았느냐는 속담이 있다. 더 해설하면 직사각형 건물이 양쪽에 파여서 허한 것을 말한다.

3) 지붕이 평면된 건물

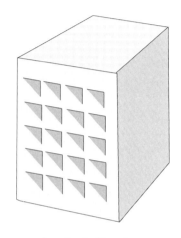

《10층빌딩》吉相

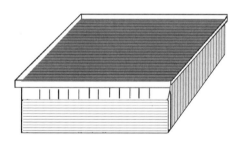

《2층건물》凶相

- ㉮ 그림해설

① 건물의 균형이 좋아서 길한 가상이다.

- ㉯ 그림해설

① 4각형은 반듯하여 좋으나 높이가 얕아서 흉상(凶相)이다.

② 얕은 건물(建物)에 "스라부"로 되어있는 것도 흉상(凶相)이다.

③ 이와 같은 건물에서 "공장"을 하면 발전이 없다.

④ 만약 주택(住宅)이라면 매사불성(每事不成)에 비천자가 난다.

4) 지붕에서 기(氣)를 받는다

※ 주택(住宅)의 길흉(吉凶)

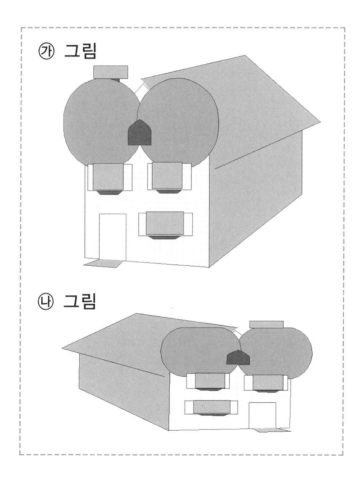

※ 지붕의 기본은 "돔"이다. 예를 들자면 "국회 의사당"의 지붕같이 되어야 한다. "돔"에서는 8괘(八卦)의 기를 모두 받는다.

★ 이조 가옥

① 조선 기화집의 지붕을 보면 물매가 높으면서 "돔"을 따라가는 형이라 길한 상으로 본다.

☆ 현 시대의 지붕

● 물매가 얕으면서 퍼진 형이다. 기(氣)가 부족하여 답답한 호응을 하게 된다.

● 사람의 건강은 주택이 정상화되어야 한다. 산소가 기를 모두 받아야 O_2 형성이 잘 된다.

5) 가상(家相)의 안전격(安全格)
6) 균형(均衡)의 깨진격

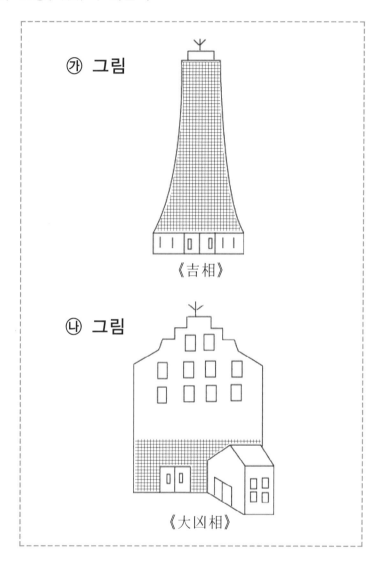

㉮ 그림

《吉相》

㉯ 그림

《大凶相》

- ⑤ 그림해설

⑤도형은 안전격(安全格)이라 길상(吉相)이다.

자연에 맞게 건축하면 8괘의 기(氣)를 고루 받게 되어 모든 일이 잘 될 것이다.

- ⑥ 그림해설

이 도형(圖形)은 건물(建物)의 외모양의 균형(均 衡)이 깨져서 행운(幸運)의 기(氣)를 받지 못하여 파산(破産)을 면키 어렵다.

※ 모든 가상(家相)의 외모(外貌)에서 행운(幸運)의 기(氣)를 받는다.

7) 굴곡(屈曲)형 빌딩

※ 굴곡 충살형(沖殺形)

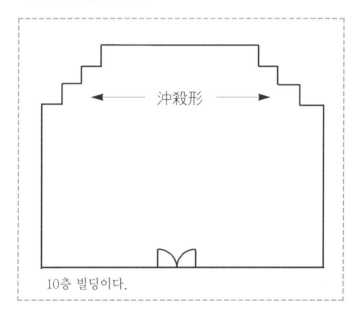

沖殺形

10층 빌딩이다.

• 충살(沖殺)해설

   건물 양쪽 귀에 굴곡 된 것은 흉가(凶家)이다.

   굴곡된 것을 충살(沖殺)이라고 한다.

• 살(殺)은

   관재구설(官災口舌)

   매사불성(每事不成)

   파산(破産)하게 된다.

8) 편형(片形)빌딩

※ 반쪽 흉가(凶家)

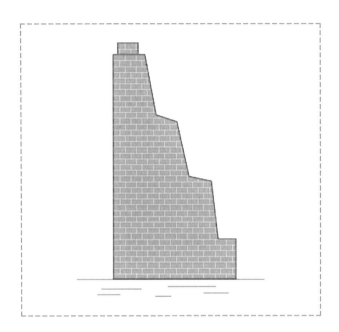

※ 고층빌딩
- 설계의 작품으로는 제1의 형이다.
- 양택(陽宅) 자연(自然) 풍수(風水)로 본다면 반편형으로 본다.
- 이 빌딩에서는 병신격(病身格)으로 사업(事業)이 이루어 지는 격이다.
- 매사불성(每事不成)으로 파산(破産)우려.

9) 빌딩의 길흉(吉凶)

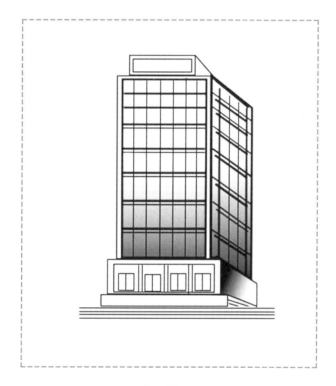

《吉相》

빌딩 입상의 길(吉)한 기본형(基本形)이다. 빌딩은 "낮"시간만 근무하는 생활공간이라 하지만 풍수 이치에 맞는 외부(外部)의 빌딩과 내부(內部)의 구조(構造)도 길(吉)하게 되어야 회사가 발전하고 근무하는 직원들의 건강도 좋아질 것이다.

10) 빌딩의 흉상

《凶相》

※ 그림해설

① 그림의 빌딩은 평면(坪面)이 전면과 폭이 4/3 비율에 가
까운 길(吉)한 상이다.

② 빌딩은 평면이 정상이 되면 높이는 과하게 높거나 과하
게 낮은 것은 흉상이다. 이 그림은 높이도 정상이다.

③ 빌딩의 뿌리를 박은 곳이 잘 속하게 들어간 것으로 인해
흉상(凶相)이 된다.

풍수이치의 가상들

제 6 장
■
양택패철법(陽宅佩鐵法)

1. 양택패철도(陽宅佩鐵圖)

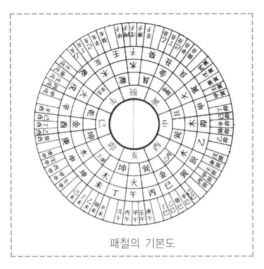

패철의 기본도

※ 가상법(家相法)은 주역8괘도(周易八卦圖)가 근본(根本)이 된다.

패철의 기본도

145

※ 주역 8괘도(周易八掛詭)

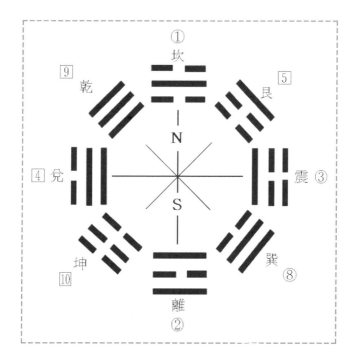

★ 주역8괘가 양택(陽宅)에 적용

1) 양택(陽宅)의 가상측정(家相測定)은 근본이 주역8괘(周
   易八卦)로 보도록 되어 있다.

2) 패철(佩鐵) 子午卯酉와 乾坤艮巽의 8八卦이다.

3) 또 8八卦는 家相의 吉凶禍福을 추리(推理)한다.

〈고서 문헌〉
양택삼요동서사택분별론(陽宅三要東西舍宅分別論)

서사택(西舍宅) 건곤간태(乾坤艮兌) 건곤간태동(乾坤艮兌東) 동서괘효불가봉오(東西 掛爻不可逢悟) 장타괘장(將他卦獎) 일옥인구상망화필중(一屋人口像亡禍必重)

해설 : 건곤간태(乾坤艮兌)는 서사택(西舍宅)으로서 한 집이니 동사택(東舍宅)과 서사택(西舍宅) 괘효를 서로 만나서는 안 된다. 동사택(東舍宅)에 서사택(西舍宅) 괘요를 잘못 가지고 가상(家相)을 구성(構成) 한다면 한집안 식구가 상망(傷亡:상하고 망하고) 재화가 반드시 거듭 되는 것이다.

동사택(東舍宅) 감이진손(坎離震巽) 감이진손 일가(坎離震巽一家) 서사택중(西舍宅中) 막범타약봉(莫犯他若逢) 일기수성상(日氣修成象) 자손흥왕(子孫興旺) 정영화(定榮華)라

해설 : 동사택(東舍宅)은 패철로 보면 子. 午. 卯. 巽이다. 子午卯巽은 한집이니 다른 서사택 괘효가 범해서는 안 된다. 만일 子午卯巽의 동사택 일기(一氣)로만 구성된다면 자손이 흥왕하고 영화를 누리게 될 것이라 했다.

2. 동·서(東·西)사택(舍宅) 분별

1) 감(坎), 이(離), 진(震), 손(巽) 방위는 동사사택(東四舍宅) 양(陽)에 속하고

2) 건(乾), 곤(坤), 간(艮), 태(兌) 방위는 서사사택(西四舍宅) 음(陰)에 속한다.

※ 감(坎), 이(離), 진(震), 손(巽) 방위는 해가 돋는 동쪽방향에 위치하여 동사택(東舍宅)이라 불리우게 되어 양(陽)에 속하게 되었고

※ 건(乾), 곤(坤), 간(艮), 태(兌)은 서쪽 방향이며 해가 지는 곳이라 서사택(西舍宅) 음(陰)에 배속되었다.

3) 옛 말에 = 양(陽)은 귀격(貴格)이라 했고(귀(貴)한 일을 뜻함) = 음(陰)은 부격(富格)으로 간주(看做)한다.

4) 동사택(東舍宅)은 "양(陽)"에 속하니 동사택(東舍宅)에 살게되면 귀(貴)한 일부터 먼저 생긴다는 뜻이고

5) 서사택(西舍宅)은 "음(陰)"에 속하여 서사택(西舍宅) 집

149

에 살게 된다면 부(富)의 발복(發福)부터 먼저 받게 된다
는 것이다.

6) 가상(家相)에는 동사택(東舍宅)의 구성과 서사택(西舍宅)의 구성이 있는데 그 동서(東西)사택의 구성이 정상(正常) 되어있는 가상은 부귀발복(富貴發福)하여 잘 살게 되는 것이나, 동·서사택(西舍宅)의 구성이 비정상(非正常) 되었다면 여러 가지 재앙(災殃)을 받게 되는 것이다.

★ 동 · 서사택의 패철공식(東西舍宅 佩鐵公式)

1) 양택풍수(陽宅風水)도 패철(佩鐵)4선으로 보도록 되어 있다.

2) 패철 4선의 24방위중 4정방위(四正方位) (子, 午, 卯, 酉)와 4유방위(四維方位) (乾, 坤, 艮, 巽)으로 8괘(八卦)의 방향(方向)이다.

　　패철4선은 24방위니 이상 8괘의 방위 글자가 중심글자가 되면서 3자식 일조가 되어 8방위로 정밀하게 나누어 보도록 되어 있다.

3) 명심할 것은 경(經)에 이르기를 지유 4세에 기종 8방(地有四勢에 氣從八方)이라 했다. 寅申巳亥방향(方向)이 4세이고 하늘의 기(氣)는 8방위에 따른다 했다.

　　8방위란 기(氣)가 근본이 되면서 가장 왕(旺)하니 3자 중 좌우 양 글자는 기(氣)가 많이 약한 것으로 보면 된다.(예 : 壬子癸라면 子자가 가장 기(氣)가 강하고 壬자 癸자는 氣가 약하다는 뜻)

4) 양택(陽宅) 패철도에 동사택(東舍宅) 서사택(西舍宅)의 구분 표시가 흑선과 백선으로 정확히 되어 있다.

○ 동사택(東舍宅)은 "양(陽)"이라 백색으로 외곽에 표시되어 있고

● 서사택(西舍宅)은 "음(陰)"이라 흑색으로 굵게 표시되어 있다.

(1) 東西舍宅의 8조 분별도(東西舍宅의 八組 分別圖)

★ 패철자(佩鐵字)에 적용

　　○ 東舍宅

| 壬子癸 | 丙午丁 | 甲卯乙 | 辰巽巳 |

　　● 西舍宅

| 戌乾亥 | 未坤申 | 丑艮寅 | 庚酉辛 |

(2) 8방위혈육소속(八方位血肉所屬)

○ 동사택(東舍宅)

① 坎(감)···· 壬子癸 방위는 중남.수 (中男.水) 1.6 수리 (數理)

② 離(이)···· 丙午丁 방위는 중녀.화 (中女.火) 3.8 수리 (數理)

③ 震(진)···· 甲卯乙 방위는 장남.목 (長男.木) 2.7 수리 (數理)

④ 巽(손)···· 辰巽巳 방위는 장녀.목 (長女.木) 3.8 수리 (數理)

● 서사택(西舍宅)

① 乾(건)···· 戌乾亥 방위는 노부.금 (老父.金) 4.9 수리 (數理)

② 坤(곤)···· 未坤申 방위는 노모.토 (老母.土) 5.0 수리 (數理)

③ 艮(간)···· 丑艮寅 방위는 소남.토 (少男.土) 5.0 수리 (數理)

④ 兌(태)···· 庚酉申 방위는 소녀.금 (少女.金) 4.9 수리 (數理)

★ 8괘에 소속된 남(男)녀(女)로 가상구조(家相 構造)의 음.양(陰.陽)을 분별하는 법

○ 노부(老父) 중남(中男) 장남(長男) 소남(少男)방향(方向)은 양(陽)으로 보고

○ 노모(老母) 중녀(中女) 장녀(長女) 소녀(少女)방향(方向)은 음(陰)으로 보는 것이다.

○ 오행(五行) 金, 木, 水, 火, 土로는 길, 흉, 화, 복(吉, 凶, 禍, 福)을 추리하며 오행의 수리 (數理)는 그 시기와 길고 짧은 것을 추산한다.

○ 동사택(東舍宅)에 水, 火 상극(相剋)은 "복가"구성이 되면 길조(吉兆)로 추리(推理)하고 흉가구성(凶家構成)이 되었을 때는 흉조(凶兆)로 추리하는 것이다.

※ 앞면 : 양택(陽宅)패철도 참조

3. 패철측정법(佩鐵測定法)

1) 패철측정은 복가(福家)와 흉가(凶家)를 판별(判別) 하는 데 목적(目的)이 있다.

2) 측정 대상에는 첫째, 우리가 살고있는 보금자리인 가옥(家屋)을 대상으로 발상(發祥)한 학문(學問)이지만 세상의 문명 발전(發展)으로 다양해진 건물(建物)의 일체를 측정 할 수 있다.

3) 이를테면 크고 적은 빌딩 그 내부의 사무실(事務室)의 칸칸마다 측정하여 "인테리어"를 길하게 하고 아파트의 각호(各戶)마다 길, 흉(吉凶)을 분별(分別)하고 각 점포, 병원, 사무실, 공장 등의 사장님 또는 주인(主人)의 위치를 길(吉)한 자리로 "인테리어"할 수 있는 신비한 패철측정(佩鐵測定)의 공식법(公式法) 이다.

☆ 인테리어
1) 건물(建物) 내부 칸막이 한 곳, 각 점포, 병원의 세부적인 주사실, 의사실, 수술실, 카운터 등 각 사무실의 주인 자리, 공장 내 사장위치에 길 흉방(吉凶方)을 가려"인테리어"하는 신비한 패 철측정의 공식법(公式法)이 있다.

(1) 측정 예(測定例)

1) 가옥(家屋)에는 건물(建物)과 정원(庭園)이 있고 또 대문(大門) 거처하는 방(房), 부엌(素), 측간(厠間)이 있다. 이곳에는 귀(貴)한 곳과 흉(凶)한 곳으로 나누어 본다.

○ 귀(貴)한 곳은 : 방, 거실, 대문, 주방이고,

○ 흉(凶)한 곳은 : 측간, 요즘 말로는 화장실, 또는 욕실, 창고 등이다.

2) 옛 속담에도 측간(厠間)과 처가(妻家)집은 멀수록 좋다는 말도 있다. 요즘 세태(世態)에 따라 측간과 처갓집은 더 가까이 온 셈이다.
   이는 고서 양택삼요결(陽宅三要決)에 이르기를 문(大門), 주(主:위치 주요 위치에 한 곳), 조(素:부엌을 뜻함)가 삼요(三要)이니 패철방위(佩鐵方位)에 동서사택(東西舍宅)간 일기구성(一氣構成 : 門, 主, 素가 한 방위로 꾸미라는 뜻)하라 했고

3) 측간(厠間)은 반대 방향인 흉방으로 보내야 어린아이들에게 오는 재앙(災殃)이나 가정에 오는 재앙이 없어진다고 되어 있으나 이상은 옛날식의 가옥(家屋)에서 해당되는 예법(例法)이다.

(2) 패철측정의 상대(佩鐵測定의 相對)

1) 귀하게 보는 (문(門) : 대문의 뜻), (주(主) : 건물에 가장 중요 위치), (조(索) : 부엌, 주방)중에서 주(主), 조(索) 방향과 대문(大門)이 상대(相對)가 되어 복가(福家)와 흉가(凶家)로 판별 된다.

※ 고서에 이르기를,

이상과 같은 상대성을 방위패철(方位佩鐵)에 맞춰본다면 문(門:대문), 주(主:건물에서 가장 중요한 위치), 조(索:부엌이나 주방)가 모두 동사택(東舍宅)방향에 위치하거나 또는 서사택(西舍宅)방향에 모두 위치해야 길(吉)한 복가(福家)가 된다는 것이라고 고서 원문에 밝힌 말이며

만약, 대문(大門)은 서사택방향(西舍宅方向)에 위치하고 주(主), 조(索)는 동사택방위(東舍宅方 位)에 위치한다면 흉가배치(凶家配置)가 되는 것이라 했다.

※ 정리(定理)

복가구성(福家構成)에서는 문(門), 주(主), 조(索)를 동서사택간에 한 곳으로 구성해야 한다고 강조되었으니 이는 문(門), 주(主), 조(索)가 길한 곳이라 될 수 있으면 동서사 택간에 한 곳으로 구성해야 복가(福家)가 된다.

흉가(凶家)가 구성되는 이치는 조(索)를 제외하고 문(門),

주(主)만으로 동서 사택간에 혼합(混合)되는 것을 흉가(凶家) 구성이라 한다.

※ 정의(正義)

복가(福家)와 흉가(凶家)를 판별하는 바른 법은 문(大門), 주(主)만을 상대(相對)로 동서사택(東西舍宅)간에 한 쪽으로 구성(構成)되는 것을 원칙(原則)으로 한다.

※ 길방(吉方)과 흉방(凶方)의 이치

동사택(東舍宅)이 복가구성(福家構成)을 이르면 반대쪽인 서사택(西舍宅)이 동사택(東舍宅)에 대한 흉방(凶方)이 되고,

서사택(西舍宅)이 복가구성(福家構成)이 되면 반대쪽인 동사택(東舍宅) 방호가 흉방(凶方)이 되는 것이다.

★ 길(吉)한 배치법(配置法)

1) 안방, 주방, 대문은 귀(貴)한 곳이니 동서 사택(東西舍宅)간에 복가(福家)로 구성(構成)하되 안방은 반드시 주(主)가 되는 위치에 배치해야 복가(福家)의 개성(個性)이 더욱 더 강(强)해지는 역할(役割)을 하는 것이다.

2) 그 외 화장실, 창고, 다용도실 등은 복가(福家)구성의 반대인 흉방(凶方)으로 배치해야 복가구성(福家構成)이 강해져서 복가의 발복(發福)이 더욱 강해지는 것이다.

4. 기두법(起頭法)

(1) 기두의 기본론(起頭의 基本論)

1) '기두법(起頭法)이란 건물(建物)의 주(主)가 되는 위치를 찾아 중앙에 기점을 찍는 것을 기두(起頭) 한다'라고 한다.

2) 건물(建物)을 가상(家相)이라 말한다. 사람의 얼굴을 인상(人相)이라 하는 것과 같다.
   인상에도 관상법(觀相法)에 감정해 보면 천태 만상(千態萬象)의 길흉상(吉凶相)이 있듯이 가상(家相)도 또한 천태만상(千態萬象)으로 길흉 (吉凶)의 가상(家相)이 있다.

3) 이와 같이 천태만상(千態萬象)인 가상(家相)에서 주(主) 위치를 찾아 패철측정(佩鐵測定)에 정확(正確)을 기하기 위하여 기두점(起頭点) ● 표의 기점을 찍어 동서(東西) 사택의 구분을 정확히 하는 것이다.

(2) 기두법(起頭法)은 고서(古書)에 이르되 고(高), 광(廣), 력(力)이라 하여 기두(起頭) 하는 공식법(公式法)을 제정하였다.

※ 공식법(公式法)

① 高 : 높고 ② 廣 : 넓고 ③ 力 : 힘있고, 이다.

1) 고(高)란 … 그 가상에서 가장 높은 곳인데 예로 반은 1 층이고 2층의 중심점을 기두(起頭)로 정하는 것이다.

○ 예로 단독주택(單獨住宅)일 때 옥상에 물탱크가 있다. 이곳에 방(房)이 설치되어 있으면 기두(起頭)로 정하고 방(房)이 없으면 기두가 될 수 없다.

○ 대소(大小) 빌딩일 때 옥탑은 虛한 곳이라 기두(起頭)가 될 수 없다.

2) 광(廣)이란 … 가상구조(家相構造)에 가장 넓은 곳을 찾 아 기두(起頭)로 정한다.

3) 력(力)은 … 건물(建物)에 가장 힘이 모여 있는 곳. 중요 히 쓰여지는 곳이다.

○ 그리고 보면 주(主) 위치를 기두(起頭)하는 것이니 주 (主) 위치와 기두(起頭) 지점은 한 곳이다.(다시 말하면 주(主)와 기두(起頭)는 한가지 말로 사용 된다.)

○ 즉 주(主)위치 찾는 것을 기두(起頭)한다라고 하는 것이다.

(3) 기두(起頭)와 패철위치론(佩鐵位置論)

1) 가상(家相)의 주(主)위치를 바르게 기두(起頭)한다

2) 다음에는 패철(佩鐵)로 측정해야 할 패철고정(佩鐵固定) 위치도 정확히 찾아야 할 것이다.

3) 패철(佩鐵) 측정에는 첫째, 가상(家相)의 기두점(起頭点) ●표를 점고하고 둘째는 대문(大門)위치를 보아 측정하는 것이다.

4) 대문(大門)과 주(主)위치는 고정(固定)되어 있는 곳이지만 패철(佩鐵)위치가 정확치 않으면 가상간법(家相看法)에 많은 차이가 나는 것이며(福家와 凶家를 판별하는데 혼동이 될 염려가 있다) 정확해야 가상(家相)의 길흉판별(吉凶判別)이 정확할 것이다.

※ 기두법(起頭法)이나 패철(佩鐵) 위치의 정법은 점차 도형으로 설명된다.

(4) 패철고정위치론(佩鐵固定位置論)

1) 독립가옥(獨立家屋)일 때는 건물(建物)의 평면 평수(坪面.坪數) 정원(庭園)의 평수(坪面)가 상반(相半)되어 정원이 정사각형(正四角形)일 때는 정원 중심점(庭園中心點)에 패철을 고정(固定)한다. 정원이 건물 평수(建物坪數)보다 작을 때는 총대지 중심점(總垈地中心點)에 고정(固定)한다.

2) 건물평면보다 정원평면이 2.5배 이상 클 때는 정원에 허한 상이라 없는 것으로 간주(看做) 한다. 이와 같이 정원이 없을 때에는 패철 고정위치는 건물 중심에서 패철을 고정한다.

3) 점포(店鋪), 사무실(事務室), 아파트 등은 내가(즉, 본인(本人)이) 사용하는 공간(空間) 중심점(中心點)에서 패철(佩鐵)을 고정(固定)하는 것이 기본(基本)으로 되어 있다.

　정원(庭園)은 정사각형(正四角形)을 원칙(原則)으로 한다. 본 건물(建物)이외 부수 건물(建物) 복잡하게 있을 때나 정원(庭園)이 앞, 옆에 있을 때는 대지 총 대각 교차점에서 앞마당 첫 하늘 보이는 곳으로 나와 패철 위치를 정한다.(佩鐵 고정예시도 참조)정원이 앞, 뒤에 있을 때는 총대지 대각 교차점(交叉點)에 패철 위치(佩鐵位置)로 정한다.

(5) 기두(起頭)와 패철위치(佩鐵位置) 기본도(基本圖)

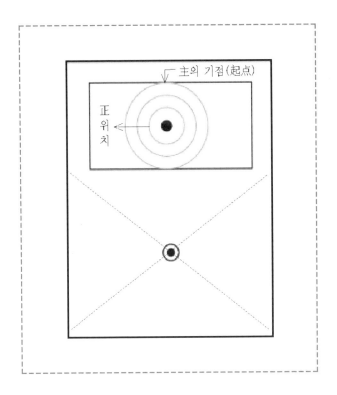

● 표시(表示)는 : 주(主)위치 - 기두점(起頭点). (기점은 패철 측정에 보는 곳)

◉ 표시(表示)는 : 패철(佩鐵) 고정(固定) 위치이다.

(6) 주(主)위치의 원리(原理)

1) 본 도형에 주(主)위치의 원리(原理)를 말하자면 건물평면
   도(建物平面詭)의 원내(圓內)에 중심점(中心點)이 주 위
   치('主'位置)가 되는 것이 근본(根本)이 되겠다.

   그 건물에서 가장 중요한 주(主)의 위치가 되는 것이나
   현재 기두점(起頭点)이 찍혀있는 곳은 패철(佩鐵)을 정원
   중심점(庭園中心点)에 고정(固定)하고 가상(家相)을 측정
   (測定)하는데 정확(正確)을 기하기 위해서 기두점(起頭
   点)을 찍는 제2의 기점이 되겠다.

2) 기두점(起頭点)이 더욱 중요(重要)한 것은 패철(佩鐵)이
   고정(固定)되었을 때 그 기두점(起頭点)이 패철(佩鐵) 제
   4선 24방위(方位) 중 어느 글자에 닿는가를 점고(点考)
   해야 하고 그 글자가 동.서사택(東.西舍宅)중 어느 곳에
   해당(該當) 하는가를 보고 그 글자에 맞도록 동. 서사택
   (東.西舍宅)을 정해진다.

3) 다음은 대문(大門) 위치가 패철(佩鐵)의 어느 글자 방향
   (方向)에 있다를 살펴서 복가(福家)와 흉가(凶家)로 판별
   (判別)하게 된다.

164

(7) 패철측정예시도(佩鐵測定例示圖)

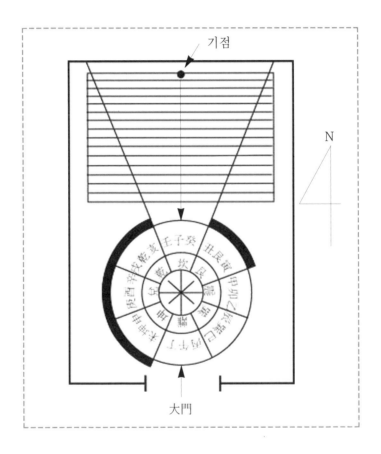

1) 복가(福家)가 되는 이치(理致)

2) 그림과 같이 기두점(起頭点)과 패철정위치(佩鐵正位置)
   에 패철(佩鐵)을 고정(固定)하고 보면 위 그림과 같다.

3) 기점(起點) 표에서 고정(固定)된 패철(佩鐵)을 향하여 화살표를 그어 보았다. 화살표가 동사택 (東舍宅)인 자자(子字)에 닿았으니 건물(建物)은 동사택(東舍宅)에 해당(該當)되었는데

4) 다음은 대문(大門)이 어느 방향에 위치했는가를 점고(点考)해 보았다. 또 동사택인 오자(午字) 중심(中心)에 화살표가 닿았으니 동사택(東舍宅) 방향(方向)에 대문(大門)이다.

5) 이상과 같이 기두점(起頭点)도 동사택(東舍宅)방위에 해당(該當)하고 대문 방향(大門方向)도 같은 동사택(東舍宅) 방위에 해당하면 바로 동사택(東舍宅)이 배합(配合)된 길한 복가(福家)로 판정된 것이다.

(8) 흉가(凶家)

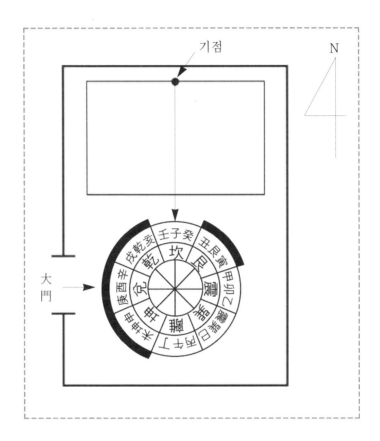

1) 흉가(凶家)가 된 이치(理致)

2) 주(主)위치의 기두점(起頭点)에 동사택(東 舍宅)방향인
   壬子癸중 子자(字)가 해당되어 동사택(東舍宅) 건물(建
   物)이 되었는데

3) 대문(大門)위치 방향에는 서사택(西舍宅) 방향인 庚酉申 방향 중 酉 자(字) 중심(中心)으로 대문(大門)이 설치되었다.

○ 복가. 흉가(福家.凶家)의 판정

4) 기두점(起頭点) ●표에 동사택방호(東舍宅方獄)가 해당하고

5) 대문(大門)방향은 서사택(西舍宅)에 해당했으니

○ 기점 위치와 대문(大門)방향이 동.서사택(東西舍宅)으로 혼합(混合)되어서 = 흉가(凶家)로 판정된 것이다.

(9) 패철 위치와 기두법(佩鐵 位置와 起頭法)

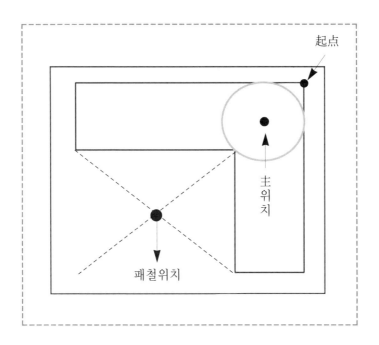

★ 기두점(起頭点)

기역자형 가상에 기두점은 곡처(曲處)에 표시 되었다.

★ 패철위치(佩鐵位置)

정원(庭園)중심점에 패철(佩鐵)위치를 하는 것이 바른 법
이다.

(10) 패철위치(佩鐵位置)와 기두(起頭)

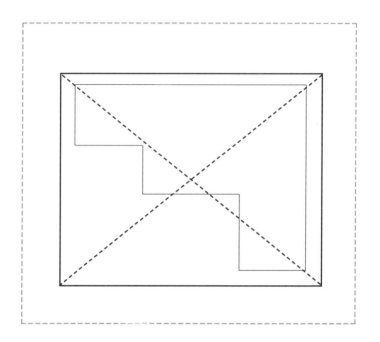

★ 기두점(起頭点)

1) 본 도형은 일명 (권총식)형이라는 가상(家相)이다. "ㄱ역자"형에다 "배"(腹)가 나온 셈이다. 가상법(家相法)의 길.흉(吉.凶)으로 보면 "ㄱ역자"형에 비하여 훨씬 길(吉)한 가상(家相) 이다.

2) 기두법(起頭法)은 "넓고", "힘있고"(廣. 力)에 해당한다. 여기서도 곡처(曲處)에 기두점(起頭点)을 찍는 것이 정법(正法)이다.

170

★ 패철위치(佩鐵位置)

1) 정원(庭園)의 모양은 정사각형(正四角型)을 길상(吉相)으로 보는 것이나 본 도형의 정원은 건물(建物)의 굴곡(屈曲)이 생겨서 정원(庭園)의 모양으로서는 길한 정원이 아니다.

2) 이와 같이 비정상(非正常)정원일 때는 총대지(總垈地)에 대각선을 그어서 도형과 같이 대각선 교차점이 만약건물(建物) 안에 위치하게 되면 정원으로 나와 처음으로 하늘 보이는 "곳"에서 패철의 고정(固定) 위치로 정하는 것이다.

○ 하늘 보이는 곳 … 낙수물 떨어지는 곳이다.

(11) 패철위치와 기두점(佩鐵位置와 起頭点)

㉮ 그림 입상도

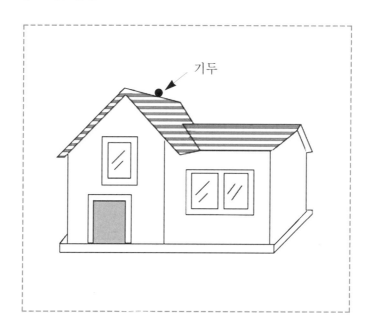

★ 기두점(起頭点)

1) 그림은 단독주택(單獨住宅)의 입상도(立相圖)이다.

2) 기두점(起頭点)은 뾰족하게 높이 솟은 곳에 기두 ●표를
찍었다.

3) 기두법(起頭法)은 제 1 높다(高)에 해당된다.

★ 패철위치(佩鐵位置)

⑦ 그림 평면도 참조

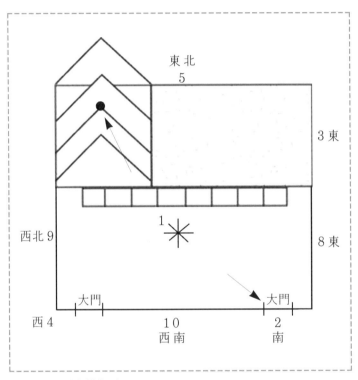

★ 패철위치(佩鐵位置)

1) ⑦그림 단독주택(單獨住宅)의 평면도(平面圖)이다. 정원
   (庭園)이 반듯하여 정원 중심(庭園中心)에서 패철(佩鐵)
   를 고정(固定)한다.

㉮ 그림 해설

2) 기두점(起頭点은) 패철(佩鐵) 방위 ①번 방향(方向)에 있어서 동사택(東四宅)에 해당한다.

3) ②번 방향의 대문(大門)을 사용하면 대문(大門)과 기두(起頭)가 같은 동사택(東舍宅)이라 복가(福家)가 구성이 되고

4) 4번 방향의 대문(大門)을 사용한다면 대문(大門)과 기두(起頭)가 동.서(東.西)사택으로 혼합되어서 흉가(凶家)구성이 된다.

(12) 패철위치와 기두법(佩鐵位置와 起頭法)

㉮ 그림 입상도

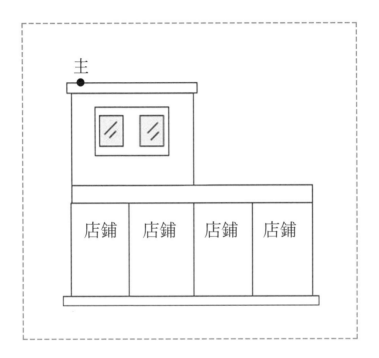

★ 기두점(起頭点)

1) ㉮그림은 길가에 4점포(店鋪) 건물(建物)이다.
2) 기두(起頭)하는 공식(公式)은 기두법(起頭法) 높다(高)에
   해당된다.
3) 2층에 기두(起頭)하면 강(强)한 기두가 된다.

★ 패철위치(佩鐵位置)

㉮ 그림의 평면도 참조

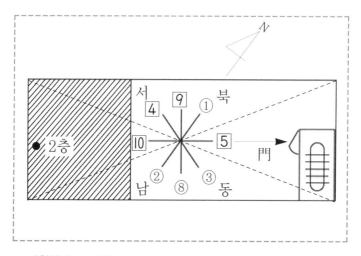

★ 패철위치 = 8방위는 각기 위 그림과 같이 번호를 가지고 있다.

1) 점포일 때는 후원이 넓게 있더라도 후원에서 패철(佩鐵)를 고정하지 않고 건물(建物)중심에서 패철(佩鐵)를 고정(固定)한다.

2) 기두점(起頭点) ● 표는 패철 [10]번에 해당하고 2층으로 올라서는 출입구(出入口)는 패철 [5]번 방향에 해당되어 모두 서사택방호(西舍宅 方獄)로서 서사택(西舍宅) 복가(福家)로 판정(判定)된다.

(13) 패철위치와 기두법(佩鐵位置와 起頭法)

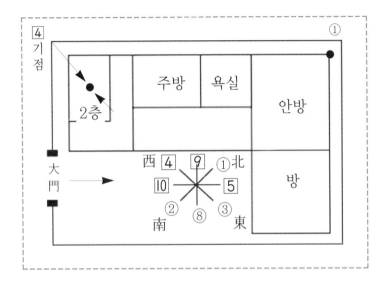

★ 기두법

1) 이 그림은 ①과 ④번 지점에 기점(起点)이 찍혀 있다. 기두간법(起頭看法)에 착각(錯覺)하기 쉬운 곳이다.

2) 기두법(起頭法)이 1. 높고 2. 넓고 3. 힘이 있는 곳이다.

3) 이 그림은 4번의 2층 방(房)이 너무 적어서 높고의 기두법(起頭法)을 무시하고 ①지점인 넓고에 기두(起頭)하기 쉬운 곳이기도 하다.

4) 그러나 높은 곳에 방이 아무리 적더라도 방(房)으로 사용되는 곳이라면 기두(起頭)로 정해야 한다.(1.높고의 공식이 적용 된다.)

5) 4번 지점이 기두(起頭)의 정법이 되겠다.

★ 패철위치

정원(庭園)의 정상(正常)은 정사각형(正四角形)을 원칙(原則)으로 하다.

⑦번 그림의 정원은 직사각형에도 너무 길다. 정원의 모습에서 너무 벗어난다.

이상과 같을 때는 대지(垈地) 총 대각선 교차지점이 패철(佩鐵) 위치가 되겠으나 고서(古書)에 이르기를 하늘 보이는 처마 밑에서 건물(建物)을 측정하라는 구절이 있다.

※ 정리

기두지점은 패철 4번에 해당되어 서사택(西舍宅)방호이고 대문. 지점은 패철 10번 방향(方向)에 해당(該當)되어 서사택(西舍宅) 방향이다.

기두(起頭). 대문이 다 같이 서사택(西舍宅) 방향이 되어서 복가(福家)로 구성(構成)이 되었다.

(14) 패철위치와 기두법(佩鐵位置와 起頭法)

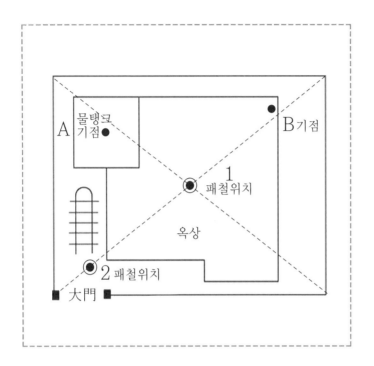

★ 기두법

1) 현대 건축법(現代建築法)으로 평면적(坪面積) 50% 혹은
   60%의 건물(建物)을 세우고 평면도(平面圖)를 그리고 보
   면 이상과 같다.
   어느 건물이나 옥상에는 물(水)탱크 혹은 옥탑 겸용(兼
   用) 물탱크가 있게 마련이다.

2) 서민(庶民)가옥(家屋) 일 때는 준공이 떨어지고 나면 물
탱크가 "방"으로 변하고(물탱크는 밖으로 나간다.)

3) 이 때 방으로 변하였으면 그림과 같이 Ⓐ지점에 기점(起
点)을 기두(起頭)로 정한다.

○ Ⓐ번 기점 지점에 방이 없으면 Ⓑ번 기점이 기두(起頭)
할 곳이다.

※ 패철위치

4층 건물(建物)로 다세대 주택(住宅)에다가 패철(佩鐵)위
치가 ①② 두 곳이 있다.

※ 주인집

집주인은 어느 층에 살든 ②번 지점에 패철 (佩鐵)를 고정
하고 기두점(起頭点)과 바깥 대문(外大門)을 점고 하여 동.
서(東.西)사택의 복가와 흉가(福家와 凶家)를 판별한다.

※ 세 사는 집

만약 1층에 세를 살게 되었다면 그 집에 주인(主人)의 성
정이 이루어진다. ②번 패철(佩鐵)위치에 외대문(外大門)과
"기점"을 점고 한다.(정원을 사용하기 때문이다.)

● 그 외 2. 3. 4층을 세를 사는 대는 ①번 패철(佩鐵)위치

에 고정하고 "기두"(起頭) 찾기는 동일하다. 대문 위치는
외대문(外大門)을 제외 하고 자기가 사는 층의 "현관문을"
대문 방호로 점고 하여 "동.서"사택을 판별한다.

주인(主人)은 4층의 집 전체를 측정해야 하니까 ②번 패
철위에 바깥 대문(外大門)을 보는 것이다.

(15) 패철위치와 기두법(佩鐵位置와 起頭法)

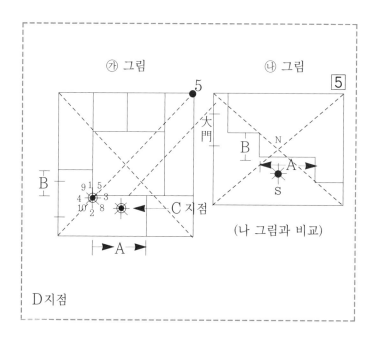

★ 기두점

1) ㉮그림에 "기두" 법은 "3번 힘있고"에 해당 된다.

★ 패철위치

1) ㉮그림에는 패철(佩鐵)위치가 D지점이 된다.

정확한 패철(佩鐵) 고정위치를 바로 찾지 못하면 "복가
(福家)"와 "흉가(凶家)"가 혼동되어 길, 흉의 판별을 할
수 없게 된다.

㉯ 그림 해설

1. 예시도를 참조 "B"거리가 짧고 "A"거리가 길때에는 그림과 같은 패철위치가 = 현 정위치이고

2. ㉮그림에 "B"지점의 거리나 "A"지점의 거리가 상반될 때에 패철 정위치는 = Ⓓ번 지점이 정위치가 된다.

＊특이한 것은 다른 가옥에 비해 패철을 벽의 각진 곳에 대고 패철을 보는 것이다.

3. Ⓓ번 지점에 패철(佩鐵)고정 위치로 하면 5번 기두 4번 대문(大門)으로 복가(福家) 구성이 되고

4. Ⓒ번 지점에 패철(佩鐵)위치로 정하면 4번 대문(大門)에 ①번 기두(起頭)와 혼동되어 흉가(凶家)로 판정된다.

5. 이상은 본인 저서 명당입문(明堂入門) 명당요결(明堂要決)에 양택법(陽宅法)이 저술되어 출판되었으나 이상과 같은 공식법(公式法)은 없었다.

6. 이는 저술이 어려워 강의에서만 많이 사용한 공식법(公式法)이다.

(16) 패철위치와 기두법(佩鐵位置와 起頭法)

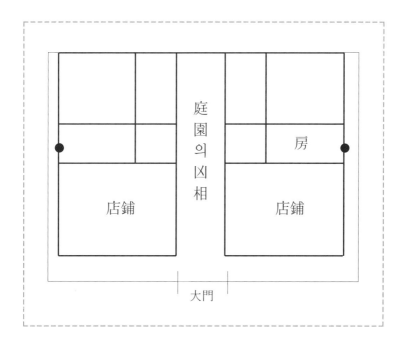

★ 기두법

1) 쌍동가상(雙童家相)은 쌍기두(雙起頭)가 되어 흉가(凶家)
   로 판정 된다.

2) 하나의 담장 안에 똑같은 건물(建物)이 둘이 있으면 흉
   가(凶家)이다.

(16)그림보기

　고서(古書)에 이르기를 3년 이내에 이혼(離婚)과 재패(財敗), 인패(人敗), 관재(官災)로 파산하게 된다고 쓰여 있다. 실제 학술(學術) 실습(實習)결과에도 그러했다.　　　　.

　3) (16)그림의 도형과 같이 정원(庭園)이 좁으면 기형아(畸形兒) 출산(出産)하게 되고 가족(家族) 모두에게 질병(疾病)이 생긴다.

※ 이와 같이 흉가(凶家)에는 패철 측정이 해당되지 않는다.

(17) 패철위치와 기두법(佩鐵位置와 起頭法)

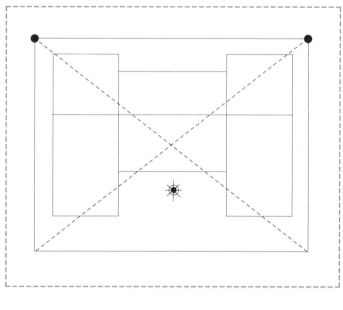

《凶家相》

★ 기두법

1) 쌍기두(牡起頭)는 흉상(凶相)이다.

2) 본 도형은 직사각형에서 중앙 허리가 푹 파인 형상이다.

(17)그림해설

3) 그리고 보니 양귀에 기두점(起頭点)이 두 곳에 찍히게
   되어 쌍기두(杜起頭) 흉상(凶相)이라 하게 되었다.

4) 쌍기두(杜起頭)로 흉상(凶相)일 때는 패철측정(佩鐵測
   定)이 필요없이 흉가(凶家)이다.

 ※ 옛 속담에 이르기를 도토마리 집에서 잘 사는 것 보았
    느냐하는 말이 있다. 도토마리라 하는 것은 벼틀을 말
    한다. 벼틀에 실 감는 마치 자(字)형이다.

 ※ 또 옛 속담 = 집안에 우물(井)을 파면 집안이 망한다는
    말이 있다.

(18) 패철위치와 기두법(佩鐵位置와 起頭法)

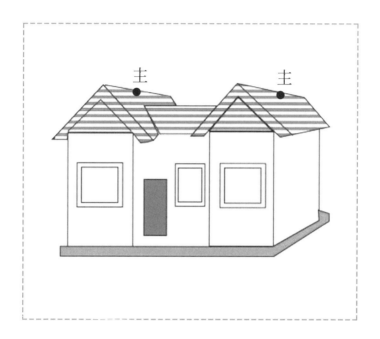

★ 기두법

1) 쌍기두(杜起頭) 흉가(凶家)이다.

2) 본 도형은 쌍기두(杜起頭)다. 기점(起点)이 찍혀 있는 두
곳의 주 위치("主"位置)는 힘이 꼭 같다고 보여 진다.

(18)그림 해설

★ 길흉(吉凶)

1) 옛 글에 쌍기두(杜起頭)는 흉가(凶家)라 했고 3년 이내 이혼(離婚)하게 되고 파산(破産) 관재(官災)를 면할 수 없다라고 쓰여 있다.

2) 동양철학(東洋哲學)에서는 한곳에 두 머리(二頭)가 있는 것을 가장 흉(凶)한 것으로 본다. 이것이 곧 자연(自然)의 원리(原理)이기도 하다.

3) 예를 들면 사주(四柱學)에서도 여자에게 남편 글자 둘이 있으면 그 사주(四柱)는 남편 궁이 좋지 않게 되어 있으며 마침내 혼자 살게 되니 과부팔자 사주(四柱)라 하듯이 하나가 있어야 할 곳에 둘이 있으니 큰 흉격에 해당한다.

★ 패철위치

쌍기두(杜起頭)는 패철(佩鐵) 측정에 해당 없이 흉가(凶家)로 판정되는 것이다.

(19) 패철위치와 기두법(佩鐵位置와 起頭法)

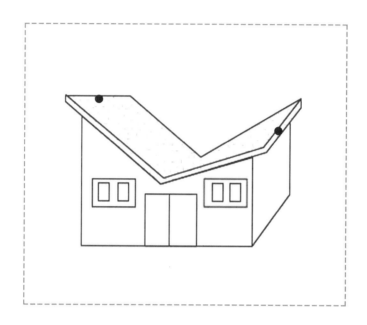

★ 기두법

1) 쌍기두(杜起頭) 흉가(凶家)이다.

2) 본 도형은 건물(建物) 자체가 흉가(凶家)이다. 가정(家政)집이든 큰 건물(建物)로서 사무실(事務室)이더라도 여기서는 절대 성공 할 수 없다.

190

(19) 그림 해설

★ 길흉(吉凶)

1) 관재(官災), 파산(破産), 이혼(離婚)의 재앙(災殃)이 생긴
   다.

2) 쌍기두(杜起頭) 흉가(凶家)로 판정되어 패철(佩鐵) 측정
   에 해당이 안 된다.

3) 가장 힘이 있어야 할 곳이 푹 꺼져 힘이 빠졌다.

4) 양쪽이 번쩍 들린 곳은 쌍룡두(杜龍頭)의 시샘, 다툼으
   로 흉상(凶相)이다.

※ 실 예

현 건물이 서울 주변 시에 존재하고 있다. 물론 흉가로
비여 있으나 그간 약 30년 세월에 그 집의 일화는 기구 만
장하였다.

한때는 총칼을 가진 군 막사로 사용되었으나 3년을 넘기
지 못하고 이사갔다.

※ 큰 행길 옆에 있으니 누구라도 보았으리라 생각 된다.

(20) 패철위치와 기두법(佩鐵位置와 起頭法)

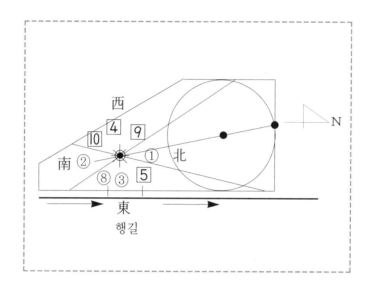

★ 기두법(起頭法)

1) 5층 빌딩 점포, 사무실의 평면도(平面圖)이다. ①번 방향
   (方向)이 넓어 기두(起頭)하였다.

2) ①번 방향(方向)의 기두(起頭)와 ③번 출입문(出入門)으
   로 복가(福家) 빌딩이다.

3) 1층 모든 점포(店鋪)는 ①번 방향(方向)으로 카운터 혹은

주인(主人)자리를 정하면 복가(福家) 배치가 되어 매사 길(吉)하게 될 것이다.

4) 그 외 2, 3, 4, 5층은 모두 ①번 방향(方向)을 기두(起頭)로 정하고 자기가 세를 얻은 공간에서 ①번에 해당하는 동사택(東舍宅)문 즉③ ② ⑧번 출입문(出入門)을 내게되면 동사택(東舍宅) 복가구성(福家構成)이 되어 어떤 사업 (事業)이든 대길할 것이다.

※ 인테리어

또 ①번 기두(起頭)에 마쳐 출입문(出入門)을 내지 못할 경우에는 내가 사용하는 공간 중심에서 패철(佩鐵)을 고정하고 출입문(出入門) 방향의 번호를 보아 동.서사택에 맞도록 주인 책상 또는 사장 위치를 정하면 된다.

※ 기두법 정리

넓고에 해당한다. 기두(起頭)의 개성(個性)이 강한 것은 아니다.

※ 패철위치

평면도(平面圖)에서 그린 그대로 건물(建物) 총 대각선의 교차점이 패철(佩鐵) 고정위치이다.

2, 3, 4, 5층은 내가 사용되는 공간 중심이 패철(佩鐵) 고정위치이다.

제 7 장

가상의 연구과제

1. 주택(住宅)편 연구(研究)

(1) 길흉감정(吉凶鑑定)의 순위

1) 위치(位置) - 국세(局勢) 명당터(明堂地). 대소도시(大小都市)의 환경(環境) 촌락(村 落)두메산골 부촌(富村) 빈촌(貧村) 큰 빌딩 사이의 가상. 해방촌. 달동네. 판자집 등을 구분하여 자세히 살펴서 감정해야 한다.

○ 속담
  시골의 기와집이 서울 초가집만 못하다는 말을 새기면서

2) 가상(家相) - 궁궐(宮闕). 한옥대가(韓屋大家)집. 초가집 도시(都市)의 저택(邸宅 구조 가 큰집). 아파트. 빌라. 연립주택. 공장. 사찰(寺刹) 등의 부상(富相)과 빈상(貧相)으로 가려 길흉(吉凶)을 정한다. 같은 불배합(不配合)집에 빈상(貧相)의 해가 더 큰 것으로 보라.

3) 정원의 상(庭園의 相) - 정사각형. 삼각형. 협소한 것. 너무 큰 것. 앞 정원. 뒤 정원을 살펴 길흉(吉凶)을 감정한다.

4) 배치및구성(配置및構成) - 배산임수(背山臨水)전저후고

(前低後高) 전책후관(前窄後寬) 내외구성(內外構成) 배치의 균형을 관찰한다.

5) 내부구조 및 종합판단 (內部構造 및 綜合判斷) – 주위치에 안방인가. 길방향의 주방인가. 각방들의 길흉(吉凶) 방향보기. 허. 실(虛. 實)구조감정. 주(主) 위치에 안방이 있으면 훨씬 길(吉)하다.

※ 거주자(居住者) 인격(人格)관계 인품의 수양(人品의 修養)관계까지 살펴 길흉을 추리한다. (군자(君子)는 수신제가(修身齊家)한다. 강태공(姜太公)은 대운(大運)이 없을 때 곧은 "낚시질"로 세월 보내다. 이상을 잘 참작하여 길흉(吉凶)론에 참작하여야 한다. 인격자가 사는 집은 해가 적다.

(2) 상충가상(相沖家相)

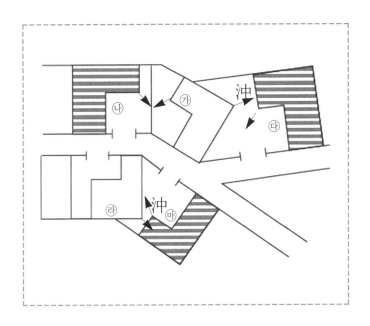

　상충(相沖)되는 가상(家相)은 흉가(凶家)이다. ㉮ ㉯ 건물
이 서로 충(沖)하고 있다.
　충(沖)은 곧 살(殺)이라 하여 많은 재앙(災殃)의 해(害)를
당한다.
　속담에도 '건물(建物)에 "충(沖)"을 받으면 3년 내에 대주
(大主)가 죽는다'라는 말이 있다.
　양택(陽宅) 풍수설(風水說)에도 "3년내 대주의 요수(夭壽)
와 관재 이금치사(以金致死) 같은 해(害)를 본다"라고 되어
있다.

(3) 좌향의 대비(坐向의 對比)

㉮ 그림   ㉯ 그림

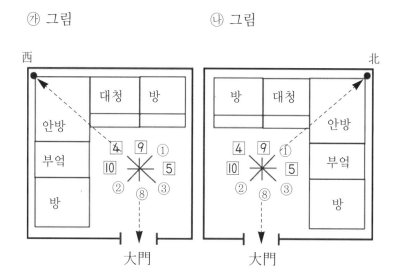

1) ㉮, ㉯도형이 다 같은 9번 좌(坐)하고 ⑧번을 향(向)한 두 가상(家相)이 ㄱ역자 형이고, 좌향(坐向)도 ⑧번 향(向)으로 모두 같다.

2) 이를 천기대요 법(法)으로 가상(家相)의 동.서사택을 감정한다면 좌향(坐向)으로만 판정하게 되어 있으니 다같이 9번 좌가 되어 동사택(東舍宅)에 해당되고 대문은㉮ ㉯도형이 ⑧번 손(巽) 방향(方向)이다.

3) 천기대요법은 그 좌향집에 사는 사람의 나이로 구궁법

(九宮法)을 사용하여 대문을 택하는 것이라 양택3요법
(陽宅三要法)과는 전혀 다를 수 밖에 없는 것이다.

※ 복가(福家). 흉가(凶家) 분별

1) ㉮도형은 ④번 기두(起頭)에 ⑧번 대문이라 흉가이다.

2) ㉯도형은 ①번 기두(起頭)에 ⑧번 대문이라 동사택(東
舍宅) 복가(福家)로 판정(判定)된다.

3) 다같이 "ㄱ"형의 방향(方向)이 달라 동사택(東舍宅). 서
사택(西舍宅)으로 분류된다.

4) 학문(學問)의 분별이 다른 것은 학맥(學脈)에 차이 때문
이다.

5) 천기대요 책자에는 기두(起頭)하는 법(法)이 없고 그 대
신 그 집 대들보가 놓인 것으로 좌(坐)를 정하고 패철의
좌(坐)에 글자로 동, 서(東,西)사택의 구분을 정한다.

6) 양택삼요에는 기두하는 법으로 동서사택이 구분되고
대문은 - 동사택의 복가가 되는 방향이 정해져 있고
        - 서사택도 이상과 같은 이치이다.

7) 도형을 보면 그 가옥이 좌향은 같으나 "ㄱ"자로 바라보는
방향이 다르다. 그러니 태양을 받는 것과 공기 조화도
다를 것이다.
그래서 양택삼요결 책이 체계화 된 것으로 믿어야 한다.

(4) 패철(佩鐵) 방위(方位)

《㉮그림》

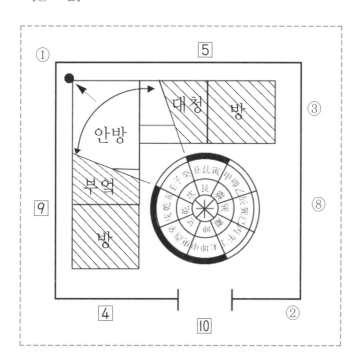

★ 동서사택(東西舍宅)의 패철도 이해

※ 동사택 구성

1) 패철(佩鐵)의 외각에 흑선(黑線)은 서사택(西舍宅)이고
   백선(白線)은 동사택(東四宅)이다.

2) ㉮그림은 기두(起頭)를 중심으로 ①번 방향(方向)을 차
지하고 서사택(西舍宅)인 ⑤ ⑨번이 많은 평수를 차지했
으나 기두(起頭)를 ①번 중심에 두어 강한 동사택(東舍
宅)이 된다.

3) 5번과 9번은 동사택(東舍宅)의 반대 방향(方向)인 흉방
(凶方)이나 ①번에 뿌리(根)를 두게 되어 동사택(東舍宅)
에 따라간다.

● 그러나 대문(大門)이 ⑩번 서사택(西舍宅)이라 동. 서 사
택(東.西舍宅) 혼합으로 흉가(凶家)로 판정되었다.

4) 오행(五行)의 상생(相生) 상극(相剋)되는 이치는

● 흉가(凶家)일 때는 = 상생(相生)이나 상극(相剋)되는 이
치를 모두 상극으로 풀이해야 하고
● 복가(福家)일 때는 = 상생(相生)은 물론 길(吉)하게 풀이
하는 것이나 흉방향(凶方向)에 상극(相剋)되는 이치(理
致)도 길(吉)하게 풀이 하는 것이 복가(福家)에 대한 바
른 이치(理致)라 할 수 있다.
● 그러나 그 복가(福家)의 현실성(現實性)에 따라 극귀격
(極貴格)으로 풀이하는 수도 있다. (이것이 오행(五行)에
진리이기도 하다.)

(4-1) 패철방위의 이해(佩鐵方位의 理解)

《㉯그림》

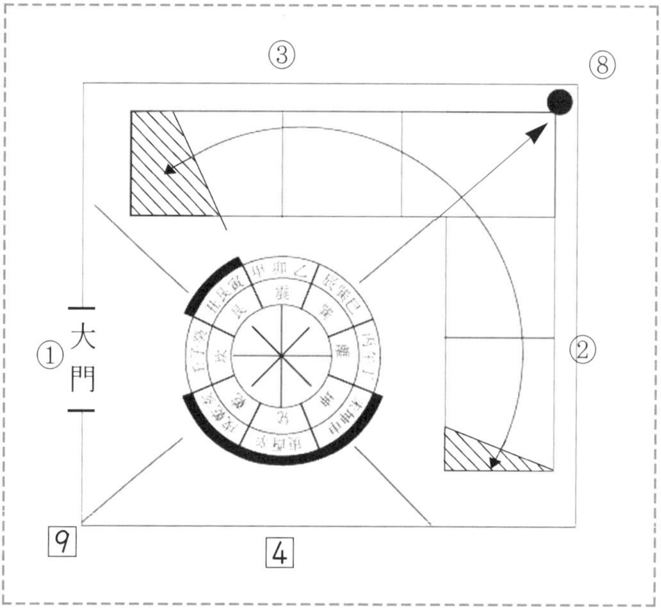

㉮그림에 비하여 기두(起頭)가 ⑧번이고 ②번 ③번 같은 동사택(東舍宅) 방향이 건물(建 物)전체를 차지하다시피 되었으니 강(强)한 동사택(東舍宅)으로 보이나 ㉮ ㉯그림의 동사택(東舍宅) 구성은 강, 약(强.弱)의 차이 없이 꼭 같다.

그러나 ㉮그림이 오행의 변화가 많아 가문의 발전이 더 빠를 것이다.

(4-2) 패철방위의 이해(佩鐵方位의 理解)

《㉠그림》

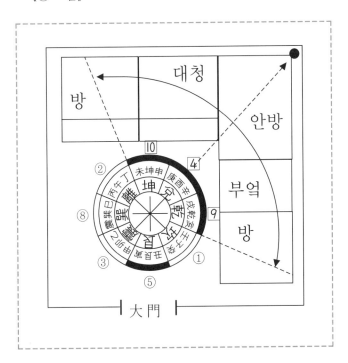

★ 서사택(西舍宅) 구성

1) ㉡그림과 같은 이치다. ④번 기두(起頭)에 9번 5번 서사택(西舍宅)의 연결로 집을 모두 차지한 서사택(西舍宅)이다.

2) ④번 기두(起頭) ⑤번 대문이 되어 복가(福家)로 판별된다.

(4-3) 패철방위의 이해(佩鐵方位의 理解)

《라그림》

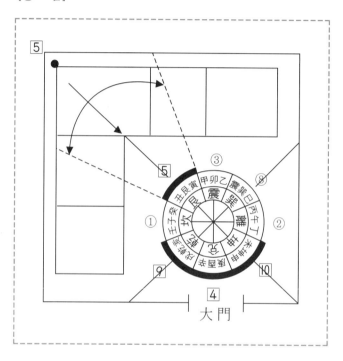

★ 서사택(西舍宅) 구성

1) ㉮그림과 같은 이치다. 5번 축, 간, 인(丑, 艮, 寅) 방향만으로 서사택(西舍宅)이 되었으나 ㉰그림과 비중이 똑같다.
2) 대문(大門)은 ④번 경유신(庚酉辛) 방향으로 같은 서사택(西舍宅)방향이라 복가(福家) 구성이 되었다.

※ 방위의 이치(方位 理致)

1) 동서사택(東西舍宅)의 방위(方位)를 살펴보면 주역 8괘(周易八卦)로 보도록 되어 있는데 4괘씩 나누어 동서사택(東西舍宅)이 되었다.

※ 동사택 구성

2) 방위에 ①번 홀로 동사택이 되고 ③번 ⑧번 ②번은 연결되어 동사택을 이루었다.

※ 서사택 구성

3) 여기도 ⑤번이 홀로 되고 ⑨번 ④번 ⑩번이 연결되어 합하여 4괘(四卦)가 서사택(西舍宅)이 구성 되었다.

4) **문 : 동서사택(東西舍宅)중 어느 사택이 길한가요?**

답 : 동.서 사택((東.西舍宅)이 꼭 같다고 보아야 할 것이다.

문 : 홀로된 방위(方位) ①번 ⑤번과 3괘가 연결된 방향과 비중이나 등차로 본다면 어느 쪽이 더 길(吉)한가요?

답 : 홀로 된 한 방향이나 3괘가 연결된 것과 똑 같다고 보는 것이 양택 방향에 근본(根本)이라 할 수 있다.

(5) 동서사택(東西舍宅) 분리 흉가(凶家)

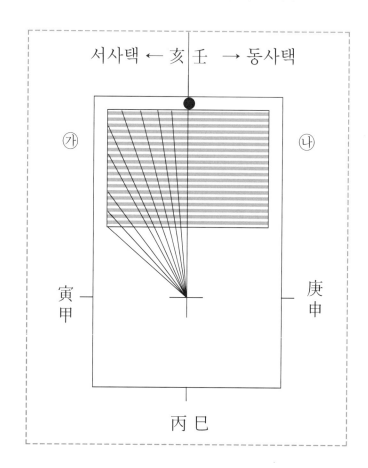

서사택 ← 亥 壬 → 동사택

㉮

㉯

寅
甲

庚
申

丙
巳

★ 동서사택(東西舍宅) 분기점 찾아보기

본 도형은 건물(建物) 정원 모두 길(吉)한 상(相)이다.

★ 패철측정

1) 양택(陽宅) 패철법에는 24방위 중 4곳에 동서사택(東西舍宅)의 분기점(分岐點)이 있다.
   그림에 ㉮쪽은 戌乾亥 서사택(西舍宅)이고 ㉯방향은 壬子癸 동사택(東舍宅)이 된다.

2) 기두점이 동.서(東.西)사택으로 갈라져서 "흉가(凶家)"로 판정된다. (동사택(東舍宅)도 아니고 서사택(西舍宅)도 아니다.)

※ 이와 같은 것이 흉가(凶家)에 속한다.

◉ 분기점
- (亥)-(壬) 사이
- (癸)-(丑) 사이
- (寅)-(甲) 사이
- (丁)-(未) 사이가 이상이 동사택(東舍宅) 서사택(西舍宅)간의 분기점이다.

(6) 복가(福家)로 개수예(改修例)

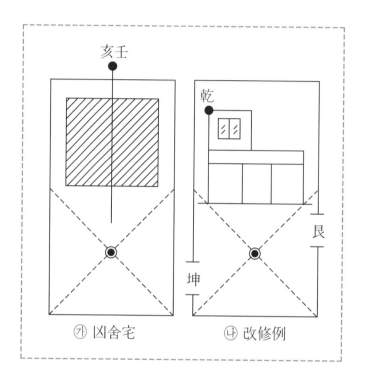

㉮ 凶舍宅　　　　㉯ 改修例

★ 개수하는 방법의 예

㉮ 술건해(戌乾亥)와 임자개(壬子癸)로 갈라져서 흉가(凶家)가 된 것을

㉯ 그림과 같이 술건해(戌乾亥)방향으로만 2층을 건축한다면 건(乾) 기두(起頭) 서사택(西舍宅)이 되어 강한 복가(福家)가 된다.

• 그림 참조

(7) 동서사택(東西舍宅)으로 된 기두(起頭)

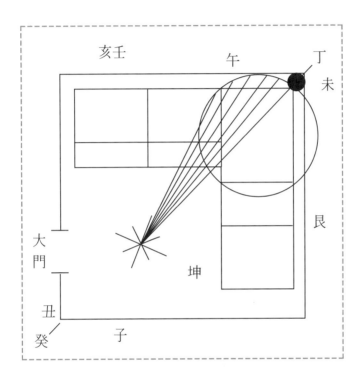

★ 동서사택(東西舍宅) 분기점 찾아보기

○ 패철측정

1) ㄱ자 건물이다. 곡처기두점(曲處起頭点)이 丁. 未로 동서
   사택(東西舍宅)으로 분리되어 "흉가(凶家)"로 판정된
   다.(즉 말하자면 동사택(東舍宅)도 아니요 서사택(西舍
   宅)도 될 수 없어 흉가 (凶家)로 판정된다.

2) 양택(陽宅) 패철법에 분기점(分岐點)은 丁.未 亥.壬 癸.
   丑 寅.甲으로 4번의 분기점이 있다.

   • 丁 – 未
   • 亥 – 壬
   • 癸 – 丑
   • 寅 – 甲

※ 이상에 해당되면 흉가(凶家)이다.

(8) 복가(福家)로 개수예(改修例)

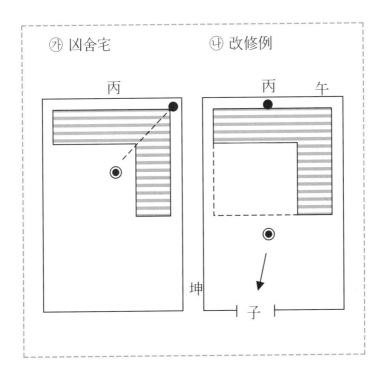

㉮ 凶舍宅   ㉯ 改修例

丙   丙   午

坤

子

1) ㉮丙午丁동사택(東舍宅)과 未坤申 서사택(西舍宅)으로
   갈라졌다.

2) ㉯그림에 점선과 같이 개수한다면 丙기두(起頭)가 되어
   길한 동사택(東舍宅)이 되고 子 대문(大門)을 내면 "복가
   (福家)" 배치가 된다.

(9) 대문의 정위치(大門의 正位置) 찾기

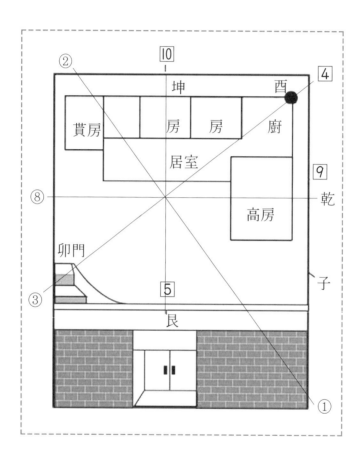

★ 대문 방향의 공식법

1) 3미터 축대 위에 건물(建物)이고 5번 방향에 대문(大門) 이다. 안으로 들어가 계단으로 오르면 ③번 지점에서 첫 발을 정원에 내딛는 곳을 대문으로 본다.

2) 공식 … 들어 갈 때 첫 발을 놓는 지점을 대문처로 보는 것이다.… ③번 묘(卯)문이 된다.

3) 4번 기두(起頭)에 5번 대문으로 착각하기 쉬운 집이다.

4) 기두 지점에 주방이 설치되어서 내 주장으로 망하게 되고

5) 주부(主婦)가 장가(掌家:가사를 꾸려 나가는 것)하게 된다.

(10) 기두(起頭)와 패철위치의 정법

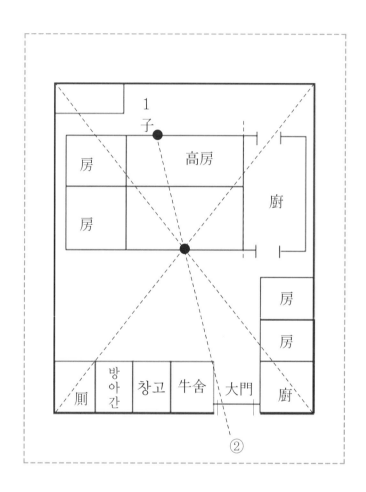

★ 기두(起頭)와 패철위치(佩鐵位置)바로 찾기

1) 기두

촌락의 옛 가옥(家屋), 부엌에 앞. 뒤로 맞문이 나면 허(虛)한 공간이 되어 점선과 같이 단절(斷絕)하고 중요한 부위에서 기두(起頭) 한다.

2) 패철위치

패철(佩鐵)위치는 대지 총 대각선 교차점(垈地 總 對角線 交叉点)에 위치한다.

※ 행낭채 방. 우사(牛舍). 창고. 방앗간 등이 ㄱ자형으로 부수(附隨)건물로서 보호되어 있으면 가옥의 격이 높아져서 자식들의 발전이 크게 된다.

※ 허(虛)한 주방을 포함해서 가상(家相)을 본다면 건물(建物)의 '폭'보다 앞 길이가 배(培)가 길어서 쌍기두(杜起頭) 흉가(凶家)가 된다.

※ 이상과 같이 어느 건물이나 허한 곳은 절단하고 실한 곳만 가지고 기두를 정한다.

(11) 패철위치의 정법(佩鐵位置正法)

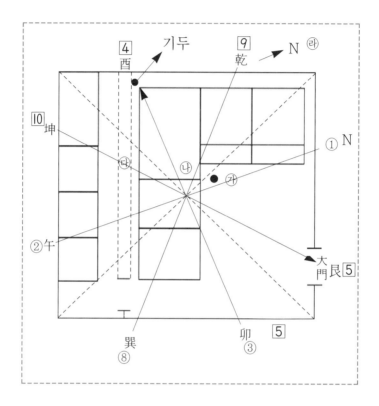

- 지점에 패철을 고정하고 보면 차이점이 많이 생기니 잘
  보시오.

★ 패철위치 바로찾기

1) 앞 정원(庭園)과 후면(後面)에 정원이 있으면 총대지(總 垈地)의 중심(中心)인 ㉯지점이 패철(佩鐵)의 정위치(正 位置)가 된다.

2) ㉰지점에다 풍수(風水) 이치로 보면 담장을 한것은 불길 (不吉)하다. 담장이 없으면 좌측 건물이 부수 건물이 되어 더욱 길한 것으로 보는 것이다.

3) ㉰지점에 담장이 되어 있는 가상(家相)이라면 ㉮지점이 패철(佩鐵)의 정위치(正位置)가 되고 본 건물은 외로운 가상이된다.

4) ㉯지점 현 위치에 패철(佩鐵)위치라면 4번 기두(起頭)에 5번 대문(大門)으로 음양배합(陰陽配合)의 복가(福家)구 성(構成)이 된다.

5) 후면 또는 따로 떨어진 곳에 정원이 더 있으면 ㉯지점이 정위치다.

6) ㉯지점이 패철위치(佩鐵位置)가 되면 ㉱ (N)표시가 맞는 다. 기두와 대문위치도 "점선"표시에 맞게 해야 복가 (福家)가 된다. (점선 대각선은 중앙점 찾기 표시)

(12) 패철위치의 공식법(佩鐵位置 公式法)

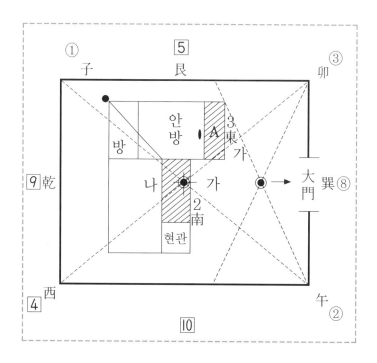

※ 패철의 바른 지점을 바로 찾자

● 대문과 기두가 음향배합을 이룬것은 길하고 ㄱ자형이 후덕하여 90점 짜리의 복가(福家)가 되겠다.

★ 패철위치 바로찾기

1) 공식 : 정원(庭園)이 불균형(不均衡)되었을 때나 또는 건물 전면에 정원이 크게 있고 또 뒤면에 정원이 있을 때는 – 총 대지(總 垈地)의 그림과 같이 대각선을 그어 중심점(中心點)이 패철위치(佩鐵位置)가 된다.

2) 전면(前面)의 정원(庭園)이 있고 만약 측면(側面)에 넓은 곳이 있다면 전면 ㉮지점 '낙수물' 떨어지는 곳이 패철위치(佩鐵位置)가 된다.

3) 그림에서 전면(前面) 정원(庭園)만 볼 때 Ⓐ부위가 나와도 정원이 커서 ㉮지점에 패철 위치로 하는 것이 공식(公式)에 맞는 법(法)이다.

4) ④이상 패철 위치의 세가지 공식을 말했다. 이 도형은 위 정원이 커서 총 대지 대각선이 교차된 곳이 패철 고정(固定) 위치가 되어서 ①번 子 기두(起頭) ⑧번 손(巽)대문(大門)으로 복가(福家)로 판정된다.

(13) 패철위치의 공식법(佩鐵位置 公式法)

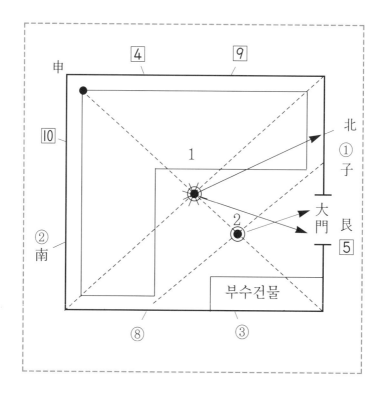

● 이 도형은 기두공식(起頭公式)의 해당하는 곳에 기점이 찍혀 있다.

● 그런데 패철고정(佩鐵固定) 위치는 혼동하기쉽다.

★ 패철위치 바로 찾기

1) 패철위치(佩鐵位置)의 정법(正法)은 정원이 정사각형(正四角形)이 가까울 때까지 정원 중심점(庭園 中心點)에 고정(固定)하는 것이공식(公式)이다.

• 그러나 그림과 같이 부수 건물로 정원의 균형(均衡)이 깨지면 총 대지 중심(總 垈地 中心)에 고정하는 것이나 그 중심점이 건물안에 해당되면 정원으로 나와 낙수물 떨어지는 곳에서 패철 고정위로 하는 것이다.

2) 이 도형(圖形)은 1번 지점이 패철(佩鐵)의 정위치(正位置)가 된다.

3) 기두(起頭)는 申방향 ⑩번에 속하고 대문(大門)방향 艮－⑤번 대문(大門)으로 복가(福家)가 구성(構成)이 되었다.

4) 2번 지점에 패철위치(佩鐵位置)는 申방향 서사택(西舍宅) 기두(起頭)에 동사택 방향 子 대문(大門)으로 흉가(凶家)로 판정 된다.

※ 패철(佩鐵)의 정위치(正位置)를 잘 찾아야 길흉화복(吉凶禍福)의 추리(推理)가 정확(正確)하게 판정(判定)된다.

(14) 대문의 정위치(大門의 正位置)

★ 대문위치 바로 보기

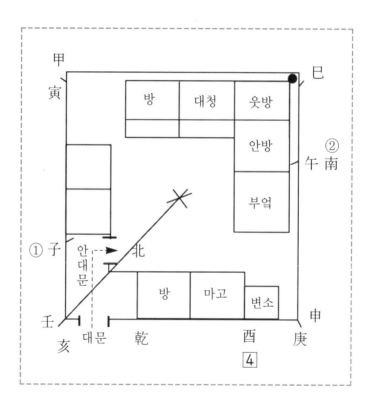

★ 대문위치 바로 찾기

　임(壬)자 해(亥)자에서 동서사택이 분리 된다. 바깥대문
(外大門)은 戌乾亥방향이고 안대문은 임자계(壬子癸)방향에
위치했다.

　여기서 양택법(陽宅法)에 안 대문(大門)을 보아 동서사택
(東西舍宅)을 판별(判別)한다.

　사(巳)방향 기두(起頭)에 子방향 대문(大門)으로 복가(福
家) 구성(構成)이 된다.

★ 대문위치의 이해

문 : 외대문(外大門) 자리로 보지 않는가요?
답 : 양택풍수(陽宅風水)의 공식화(公式化)된 내용을 말하
겠다.

● ㄱ 자(字)로 된 건물(建物)이 없을 때는 엄연이 해(亥) 대
　문(大門)으로 간주(看做)하는 것이 바른 법이나

● 본 도형은 ㄱ 자(字) 형(形)의 건물이 있어서 외대문(外
　大門)을 통과하여 안 대문(內門)을 통과해야 안마당(內
　庭園) 에 발을 딛게 되니 내정원의 첫 발을 디디는 곳이
　대문(大門)으로 간주(看做)하는 것이다.

(15) 기두의 공식법(起頭公式法)

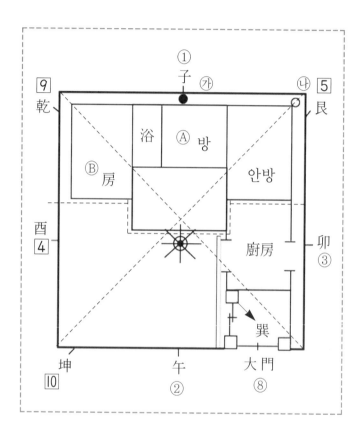

★ 기두점 바로 찾기 (교육)

1) 이 그림은 쉽게 보면 ④지점이 기두(起頭)로 착각(錯覺) 하기 쉬운 가옥(家屋)이다.

2) 주방이 재래식에다 앞문과 후문 있어 허(虛)한 방위가 되었고 전. 후문(門)이 관통(貫通)되면 단절(斷絶)된 것 으로 간주(看做)한다.

3) 단절된 곳을 그림과 같이 점선(點線)으로 그리고 보면 ①번 子 기두(起頭)로 동사택이되었다.

4) ①번 子 기두(起頭)에 같은 동사택인 ⑧번 손(巽)대문으 로 길 한 복가(福家) 배치가 되었다.

★ 외부구조 설명

1) 점선으로 자르고 보면 점면이 凸자로 튀어나온 것이 더 "힘"이 생긴 것으로 본다.(단 적게 튀어 나와야 굴곡(屈 曲)이 적어서 강한 子 기두가 되었다.)

2) 대문처 … 외대문(外大門)이 설치 되었고 내문(內門)이 있어서 더욱 길하다. 이는 전책 후관(前窄後寬:대문처는 좁으면서 안 정원(庭園)이 건물(建物) 전체에 비하여 너 그러이 되어 있다는 뜻)식이 되어서이다.

3) 書에 전책후관(前窄後寬)에 부귀여산(富貴如山)이라 했다.

※ 그림 연결로 보기

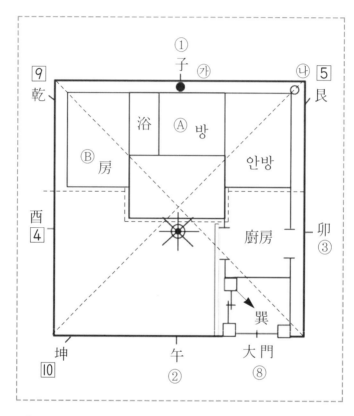

★ 내부구조 해설

1) 내무구조는 중앙에 가장 큰 공간(空間)을 만드는 것이 길
한 것이다.
고서(古書)에 길(吉)한 것이라 되어 있다.(이치는 넓은 공
간에서 공기 조화(空氣調和)가 잘 되어 각방으로 산소(酸

228

素) 공급이 잘 되기 때문이다.)

★길흉화복(吉凶禍福)

1) 子 기두(起頭)에 손(巽) 대문으로 복가 구성(構成)이다. 그러나 대문이 양(陽)의 방향이라야 경영 경제(經營經濟)가 잘 이루어 진다는 것이다.

2) 子는 중남이고 대문 손(巽)은 장녀이나 노처녀를 만난 격이 되어 이 가정은 항상 기쁘게 살아가는 괘이다.

3) 안방은 대주(大主)에 방호(防號)라 기두에 안방을 두는 것을 원칙으로 하나 이곳 안방은 艮방향이 위한 것은 불길하다.

4) Ⓐ방을 대주(大主)가 서실로 쓰고 부부(夫婦) 침실로 쓴다면 가정이 크게 발전한다.(예:장관. 의원. 부자. 고시합격. 등도 형통할 터)

5) Ⓑ방은 학생 공부방으로 하면 일류대학에 갈수 있고 또 고시합격 같은 것이 길하고 효자(孝子)로 성장한다. 건괘(乾卦)이니까

6) 이 가상(家相)에 가장 길한 것은 거실이 중앙에 넓은 평수를 가졌느냐하는 것이고 또 정원이 커서 재산 증식이 잘 도딜 것으로 보인다.

(16) 기두와 패철위치 공식(起頭 佩鐵公式)

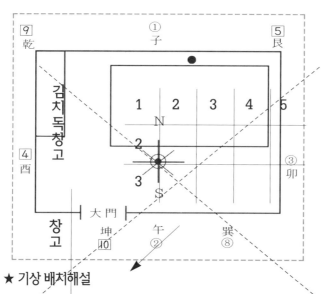

★ 기상 배치해설

• 대지 평면의 기본은 3:4이나 3:5까지는 같은 것으로 본다.

• 본 도형은 卯과 酉방향의 거리가 길다. 가상 배치의 기본은 卯좌 酉향으로 하는 것이니 그리 한다면 酉 방향에 정원이 클 것이고 대문은 午 대문을 낼 수 있게 되어 卯 기두에 午 대문으로 속발(速發)로 크게 발전할 수 있는 복가가 구성되는 가상(家相)이었는데 남향을 고집하여 흉가(凶家)가 배치 되었다.

★ 기두법

1) 전면길이와 폭의 깊이가 2배가 되지 않을 때는 즉 3:5

이하 일때는 중앙에 기두(起頭)하면 된다.

★ 패철위치
1) 정원이 좁거나 전면과 측면으로 갈라져 있는 정원에서는 대지(垈地) 총 대각선을 그어 교차된 중심점을 찾아 전면 정원으로 끌어내어 낙수물 떨어지는 곳에 패철(佩鐵)을 고정한다.(그림참조)

★ 동서사택법(東西舍宅法)
1) ①번 子기두(起頭)에 |10|번 대문을 만났으니 흉가(凶家)배치가 되었다.
2) |10|번 방향 대문 坤土가 건물 子水를 극(克)하여서 신(腎)에 극(克)을 받아 심장(心臟)에 발병이다. 그러나 대주가 운(運)이 강하면 집을 나가게 되면서 발병을 면하는 수도 많다.
3) 그대로 지내게 되면 대개 중풍병을 면하기 어렵다.

※ 실 예를 출제했다.
• 현지는 장위동 국민은행 지점에서 가까운 곳으로 집 주인으로 48세의 건강한 체구였으나 이집으로 이사하여 5년을 넘기지 못하고 중풍에 걸려 10년을 고생하다 고인이 되었다.

231

(17) 부상(富相)과 빈상(貧相)의 차이

㉮ 그림

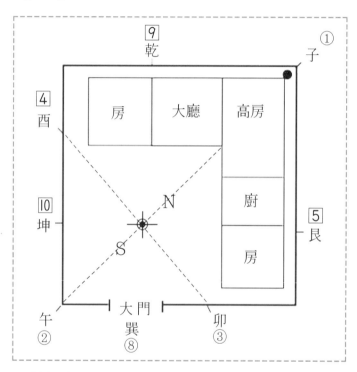

★ **부상(富相)해설**

1) ㄱ자형의 양쪽 폭이 다 같아 균형이 반듯한 형이면서 폭이 두텁다.

2) 정원(庭園)이 정사각형으로 길한 정원의 상이 되었다. 정원은 재궁(財宮)으로 보는 것이라 이 집에 재정이 정상화될 것이다.

★ 동서사택(東西舍宅)법

1) ①번 방향 기두(起頭)에 ⑧번 방향 대문으로 음양배합(陰陽配合)의 복가(福家) 구성이 되었다.

2) 동사택(東舍宅) 복가(福家)로 구성이 강(强)하게 되면 ⑤ · ⑨번 방향에 서사택(西舍宅) 방향이 ①번 子 방향에 뿌리를 낼리게 되어 흉방(凶方)이 되지 못하고 동사택에 더욱 길한 역할을 하게 된다.

★ 개성이 강한 사택

1) 강한 동사택(東舍宅) 구성이라는 이치 … 기두점에 ①번 방향중심 즉 "子"자 중심에 기두점이 찍히고 ⑧번 중심자인 손(巽)자 중심에 대문이 설치되었다는 것이 강(强)하다하여 발복(發福)도 확실하게 된다.

2) ⑨번에는 대청과 사랑방이 있다. 대문과는 금극목(金克木)이지만 복가 구성이라 더 좋은 역할을 한다. 학생들의 공부방이라면 두뇌 발달. 일류대. 고시합격 등에 유리한 이치가 따르게 된다.

● 부상(富相)해설

3) ⑤번 방향 대문 木이 ⑤번 艮土를 극해서 생남(生男)의 촉진이 되고 모든 일에 재빠르게 이루어지는 괘이며 또 작은 품목을 다루는 사업이면 더욱 잘 된다.

233

㉮ 같은 그림

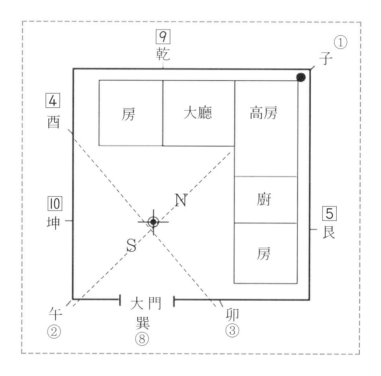

4) ①번 기두(起頭) 방향에다 대주(大主)방이 설치한다면 대주의 주권이 강하게 되고 사회적으로도 주권을 행사하게 되는 힘이 생기게 되어서 가정의 발전이 승승장구(乘勝長驅)하게 된다.

★ 세를 살게 되면

1) 만약 ⑤ ⑨번 방에 타인이 세를 산다면 ⑤번은 대문 巽木에게 목극토(木克土)를 당하여 맹사불성(每事不成)하고 특히 생남(生男)은 못하게 된다.

2) ⑨번이 셋방이면 金克木이 반대로 세사는 대주(大主)의 벌이가 끊어지고 나이 많은 대주라면 폐. 대장(肺.大臟)에 질병(疾病)으로 매사불성(每事不成)이다. 세를 살아도 대문(大門)과 상생(相生)되는 집(家庭)에 살게 되면 재미를 보게 된다.

(17-1) 부상과 빈상의 차이

㉯ 그림

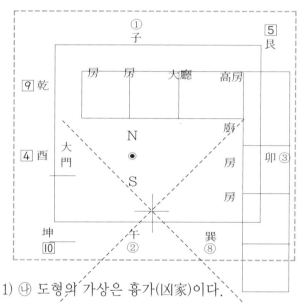

1) ㉯ 도형의 가상은 흉가(凶家)이다.

2) 그러나 동, 서사택으로 하면 5번 기두에 4번 대문으로 음양배합(陰陽配合)에 복가(福家)에 해당한다.

3)문 …위와 같은 경우에는 어느 쪽을 택해야 하나요?

답 …흉가로 보는 것이 가상학의 근본이다.

문 …5 4번의 배합은 전혀 소용이없는 것인가요?

답 …흉가의 배합에서는 특이한 발복(發福)으로 4번의 金 즉 일확천금을 하게 되는데 예로 부동산에 투자하면 관리가 되나 영리로 투자하면 일시에 날려 보내게 된다.

236

★ 빈상(貧相)해설

1) "ㄱ"자 폭이 좁고 길어서 빈상(貧相)에 해당한다.

2) 정원은 정사각형이 되어서 길하나 건물 평면에 비하여 너무 넓어서 허(虛)한 정원의 相이 되었다. (정원이 건물 평면 2.5배 이상이 되면 정원이 없는 것으로 간주한다.)

※ 가옥 한 채가 빈상(貧相)일 때는 패철측정(佩鐵測定)에 해당없이 흉가이다.

3) 패철측정에 5번 기두 4번 대문은 복가이다 토생금(土生金)하여 생하여 주는 이치로 4년은 길하다. 그러나 ①. ③번 방향은 그대로 흉방(凶方)이 된다. 5번 방향만 유리하다.

4) ㉯그림이 만약 부상(富相)이라면 가옥 전체가 복가(福家)가 되어 ① ③방향 모두 길 방향으로 간주하게 된다.

5) ①번 방향에 방 2개에 각각 월세사는 두 가구주는 대문의 4번 金이 ①번 水를 생하는 이치로 4년 이내에 특이한 일로 돈을 벌어 작은 집을 사서 이사하는 일이 생기고

6) ③번 방향의 두 가정은 세를 낼 수 없을 정도로 가난하게 산다.

(18) 인테리어 (사무실과 점포)

① 그림보기

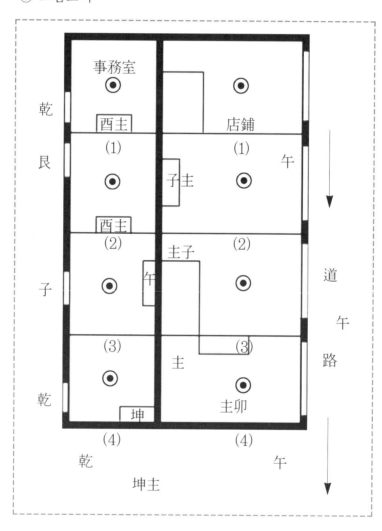

★ 사무실과 점포

1) 점포(店鋪) 사무실(事務室)의 배합(配合) 복가 인테리어 방법이다.

※ 점포. 사무실은 대개 건물의 규모가 커서 전체적인 배합 구성이 어렵다.
※ 각 사무실. 점포마다 주인이 다르다. 각기 카운터. 주인 책상자리 를 출입문에 마쳐 배합동서사택(配合東西舍宅)으로 구성(構成)하는 것이다.

☆ 구성된 점포의 길흉보기
● (1)점포 ①번 子 위치에 주인 방이 있고 ②번 午 방향에 문이 설치되어 복가 배치가 되었다.
  子 午 상충(相沖)의 변화로 장사가 잘 될 수 있다.(장사 는 하나의 시비이니까) 子. 午는 卯 酉의 폭보다 길어 야 정상이고 나가서는 세계를 무대로 하는 사업에 꿈 을 키워도 되는 자리이다.
● (4) 점포 午방향 대문에 卯방에 주인 자리를 하였다. 卯 木 이 문(門) 방향을 생(生)하는 이치라. 손님이 끊임없 이 생하는 이치로 찾아올 것이다.
  또 卯는 양(陽)이고 문의 午는 음(陰)이라. 상업이 여자 에게 필요한 품목이면 더욱 잘 될 것이다.

(18-1) 인테리어 (사무실과 점포)

① 그림보기

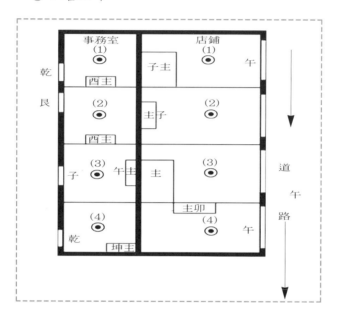

★ 사무실 길흉보기

① 사무실(事務室) 乾문 酉방향 주인자리 서사택(西舍宅) 복가(福家)배치다. 乾문은 경영 발전 금전출납 등이 크게 이루어지는 곳이라 속한 발복(發福)으로 크게 번창할 것이나 오래가면 실패(失敗)할 우려가 있다.
   실패 이유는 주인자리가 소녀금(少女金)이라 경영 관리를 감당치 못할 괘이다.

② 사무실 소기업(小企業)은 성공(成功)할 수 있으나 대기업(大企業)을 시작하면 시작과 함께 실패한다.

그 이유는 간소남괘(艮少男卦)에다 유소녀궁(酉少女宮)이 만났으니 약한 과상이라 감당키 어려운데 이치가 있다.

③ 사무실은 子·午 상충(相沖)이며 길한 동사택(東舍宅)이 배합 구성된다. 상충(相沖)은 길(吉)한 변화를 많이 하게 되니 변호사(辯護士)의 사무실이 적격(適格)이다. 자오(子·午)는 상충이니 상쟁(相爭)과 같다. 상쟁의 사건을 다루는 변호사의 길한 변화로 사건(事件)마다 승소(勝訴)하게 된다.

● 옛 말에 午좌 子문에 부자 난다는 말이 있다.

午는 재궁(財宮)이라 재(財)를 부르고 子문은 양(陽)이라 사업의 속한 발전인데 또 子·午가 상충(相沖)이니 길한 변화가 겹쳐서 부자가 되는 이치다.

④ 사무실은 대소기업(大小企業)이라도 크게 성공할 수 있으나 대기만성(大器晩成)이다.

乾坤배합(配合)의 이치이니까 사업시작을 구빈(救貧)법으로부터 시작하면 빠르게 대기업을 이룰 수 있다.

(19) 주인집과 셋집의 길흉차이

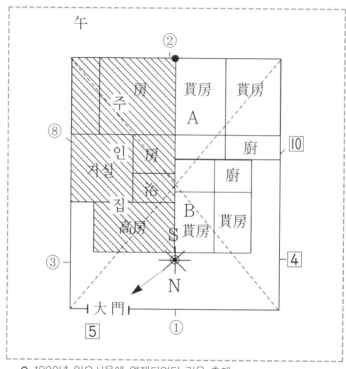

♣ 주인집은 망하고 = 셋집은 부자 되어 간다.

1) 셋집은 = 4 10에 5번 대문으로 복가 구성이라 5년이면
   부자 되어 내 집 마련해 간다는 소문이 자자했고

2) 주인집은 = 빈곤하게 살며 종래 막내아들이 사우디에 갔
   다가 사망하였다는 집이다.

   그 이유는 ②번 기두 5번 대문으로 흉가(凶家)배치에 5

번호가 생만 받다가 터지는 이치로 망내 소남토가 당한 것이다.

3) ②번 중녀가 5번 소남과 적이 된 셈. 주인집은 생남(生男)이 어렵고 막내아들에게 해로운 괘이다. 심하면 객사를 면하기 어렵다.

4) 오행(五行) ⋯ ②번 火가 ⑤번 土를 火生土의 이치로 5년 간은 득이 생기나 오래면 생을 받은 土가 터지는 격이다. ⋯ 재산손해. 매사불성, 소남은 사망할 수도 있다.(흉가의 생(生)은 상생(相生)의 변화가 없어 생 받는 쪽이 풍선이 터지는 격이 되는 것이다.)

★ 길흉에 대한 이치

1) 서울에 판자집. 허술한 가옥, 촌락의 초가집, 슬라브집 등은 기상(氣象)이 허술하여 양택(陽宅) 풍수(風水) 길흉화복(吉凶禍福)이 90%가 적중한다.

2) 현대식 ⋯ 아파트. 고급빌라. 고급형 집. 한옥 저택. 균형이 좋은 빌딩들은 양택풍수의 길흉 법에 60%이하로 적용된다. 그래도 60%가 유지되는 것이다.

3) 빌딩의 불균형. 액세서리화 된 고급빌딩. 작품화 된 모든 신형 건물은 흉상에 적용된다.

4) 주인집 손(巽)방위에 위치하여 대문 艮土를 극하니 수입이 끊어지고 매사불성이다.

(20) 자오상충가상 (子午相沖家相)

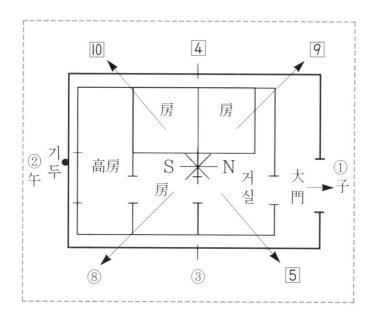

○ 안방은 대주(大主)의 방호이다.

★ 외부구조 해설

1) 건물(建物)의 평면 3:4 기본형으로 길한 평면의 상이다.

2) 정원은 좁고 작아서 허(虛)한 정원의 상이라 정원은 없
   는 것으로 간주한다.

★ 내부구조 해설

1) 안방이 기두(起頭) 중심(中心)에 위치한 것 길(吉)한 배치
   가 되었다. 단점은 대문(大門)서부터 안방 창문까지 5곳
   이 문으로 관통된 점이다. 풍수이치(風水理致)에서는 문
   2 곳도 마주 보는 것은 불길(不吉)하다 공기가 2개의 문
   을 통과하면 질풍(疾風)이 되어 살풍(殺風)이 되기 때문
   이다.

2) 2번째 단점은 ③번과 ④번으로 즉 동. 서(東. 西)로 갈라
   지는 것이다.(문이 관통되면 불이 되는 것으로 본다.)

3) 외곽에 ①번과 ②사이가 길(長) 때는 子·午 相沖 이나
   水火 相克이 길한 편으로 변화하는 것이 원칙이나 본 도
   형과 같이 모든 문이 관통되면 水火 相克과 子·午 相沖
   의 해를 당하게 된다.
   ①번 ②번 사이에 문이 관통 안 되었으면 복가(福家)판
   정이 되는 것이나 관통된 문으로 인해 흉가(凶家)로 판
   정된다.
   ● 해(害)로는 子·午 相沖이니 부부 이혼(離婚)을 면하기
   어렵다.
   ● 水火 상극은 매사불성으로 패가를 면하기 어렵다.

(21) 자오상충가상(子午相沖家相)

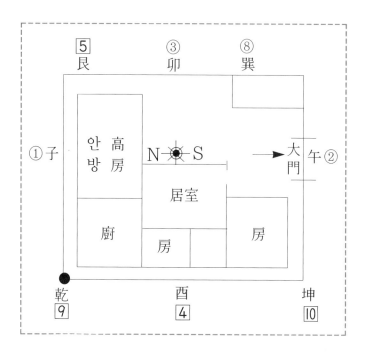

★ 외부구조

1) 2번 굴곡한 겹집이다. 일자(3:4)집에 비하면 차길(次吉)
   로 보아야 한다.

2) 정원도 빈상(貧相)이라 없는 것으로 간주한다.

★ 내부구조 해설

1) 기두(起頭) 방향에 주방을 설치한 것은 대단히 불길하다.
2) 안방이 좁고 길어서 좋지 않다.

★ 동서사택법(東西舍宅法)

1) ⑨번 기두에 ②대문으로 흉가(凶家)가 되었다.

2) 안방과 대문이 子·午로 相沖되었다. 대문이 火의 2.7 수리로 2년 7개월만에 이혼(離婚)하게 되겠고 부인이 집을 나가게 되는 괘이다.

3) 이혼의 이유는 안방이 대주의 방호인데 대문과 자오 상충이 되어 이혼의 원인이 된 것이다.

4) ⑨번 기두와 ①번 대문에 화극금(火克金)의 장애는 노부(老父)의 폐대장(肺大藏)에 질병이 아니면 중풍병이 생긴다.

5) 기두 방향에 주방이 있으니 늙은 주부(老主婦)가 가정을 꾸려 나가는 내 주장 주인격이 되겠다.

(22) 기두의 공식법

⑦ 그림 해설

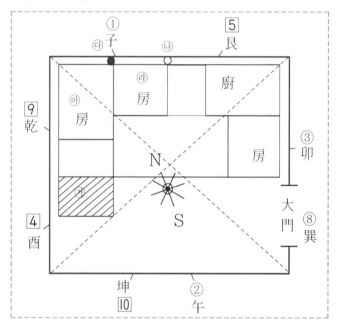

★ 기두점 바로 찾기

1) ⑦지점이 없다면 ⑭지점이 기두(起頭)의 정 위치가 된다.

2) ⑦방향이 작게 나와도 힘(力)이 그 쪽으로 쏠려서 ⑮지점이 기두의 정위치가 되었다.

3) ⑦의 지점이 만약 창고, 주방, 화장실로 되어 있다면 ⑦지점은 없는 것으로 간주하고 ⑭지점에 기두(起頭)해도 무방하다.

★ 패철위치

1) 정원이 좁고 길다. ㉮지점이 튀어나와 불균형이 되었다.
2) 이와 같을 때 대지에 대각선을 그어 교차되는 중심점을 찾는다.
3) 교차점이 건물 평면에 들어갔을 때 패철 고정 위치는 하늘이 처음 보이는데 까지 나와서 패철의 고정위치를 정한다.
   (도형을 보는 것이 가장 정확하고 이해가 빠르다.)

★ 동서사택(東西舍宅)법

1) ①번 기두 ⑧번 대문으로 동사택(東舍宅) 복가(福家)가 구성되었다.
2) ①번 陽과 ⑧번 陰으로 음양배합(陰陽配合)이 되어 매사 형통으로 가내 발전이 클 것이다.
3) ①번 중남(中男)이 ⑧번 노처녀를 만났으니 항상 기쁠 것이다.(한 가정 전체가 그 기쁨과 같이 살게 된다. 중남이 재혼에 처녀를 만나는 기쁨)
4) ①번 子水가 ⑧번 巽木을 생(生)하게 된다. 巽木은 재궁(財宮)이라 많은 재산을 모을 것이다.

㉮ 그림 해설

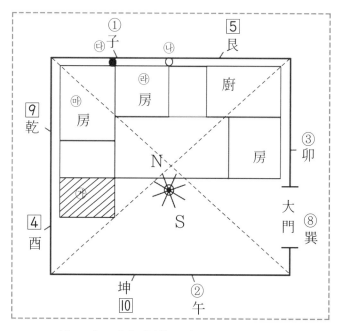

※ 같은 그림 보면서 해설을 보세요.

※ ⑨번의 길흉론

● 모든 사람으로부터 추앙을 받는다.

● 대주가 위대하게 변한다.

● 신뢰성이 있는 사람으로 변해져서 많은 신뢰를 받게
  된다.

● 원래 큰 인물이면 특진, 국회의원당선, 장관발영 같은
  일이 잘 이루어진다.

6) 주방은 주부의 방호라 ⑤번에 있어서 이집 주부는 대주에게 절대 복종격이다. 동사택(東舍宅)구성에 서사택(西舍宅)방위라 복종격이다.

7) ㉞방은 기두 지점에 위치하여 대주가 서실로 많이 사용한다면 복가(福家) 성정(性情)의 발복이 100% 이루어 질 수 있다.

8) ㉮방은 기두 지점이 가까이에 있어서 공부방을 한다면 두뇌 향상, 건강, 신뢰성이 향상되는 곳이다. 長男위치가 적격이다.

9) ㉲방의 건강 두뇌 개발 등 모든것이 이롭게 한없이 자라는 힘이 있다. 남자 아기에게 좋은 방이다.

10) 여기서 굳이 말한다면 대문이 양(陽)이라야 하는데 음(陰)이 된 것이 서운한 점이나, 가정 주택이 되어서 별다른 지장이 없는 것이다. 그대신 ①번 기두와 배합된 것이어서 좋게 보는 것이다.

11) 그러나 영업 장소가 음(陰)이라면 찾아오는 손님이 적은 것으로 보는 것이다.

(23) 고급 주택

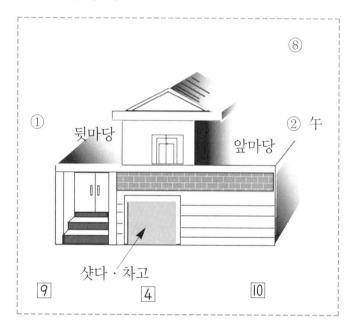

★ 흉가배치

  건축재료 및, 설계, 모양 최고로 작품화 된 저택인데 풍수
이치에 맞지 않아서 흉가(凶家)에 해당 된다.

★ 풍수이치(風水理致)

1) 3미터 축대(築臺)로 택지를 조성하고 건물(建物)의 좌향
   (坐向)을 돌려서 배산임수(背山臨水)가 되지 못했다. 가

상(家相) 전체가 불균형(不均衡)이 되어 불길(不吉)하다.

2) 축대로 대지(垈地)를 조성했으니 그 밑이 허(虛)한 지하실에다 차고가 되었다. 차 출입(車出入)으로 차고 문이 수시로 열려서 주택(住宅)의 기(氣)가 모두 설기(泄氣)되는 이치가 되었다. 재산손해(財産損害) 재산이 모이지 않는다.
- 설기에 장해
- 재산 손해
- 불구자가 되거나 차 사고, 심하면 즉사를 면하기 어렵다.

3) 정원이 앞, 뒤로 나뉘어져 설치된 것은 불길하다. 재궁(財宮)과 부녀(婦女)로 보는 관계로 재산이 두 곳으로 갈라지거나 주인(主人)의 여자관계가 복잡해져서 자주 여자가 생긴다.

★ 대문(大門)은 그 집에 귀(貴)의 상징이다.

1) 대문(大門)의 뒤 정원에 설치된 것은 불길하다. 한 가정의 대문은 귀(貴)의 상징이다. 즉 그 집에 부귀영화(富貴榮華)가 문에 매여 있다는 것이다. 앞에 설치되어야 할 대문이 "뒤"정원에 설치되면 가정사가 뒤집힌다는 것이다.

(24) 가상의 길흉보기

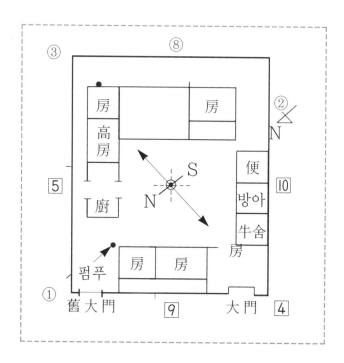

★ 대문 옮기고 장남 죽다

어느 촌락(村落)에 부자집으로 구성된 가상(家相)이다.

★ 동서사택법(東西舍宅法)

1) ③번 기두(起頭)에 ④ 번 대문(大門)이 배치된 것은 흉가
   (凶家)로 판정된다.

2) 흉가배치(凶家配置)는 우선 매사불성(每事不成)으로 보며 오행(五行)의 상생상극(相生相克)에 맞춰 보면 여러 가지의 해가 추리된다.

3) 4 9의 쌍금이 ③번 木을 克하여 묘괘의 장남(卯卦長男)이 亥. 卯. 未 년. 월. 일. 시로 이금치사(以金致死 : 쇠붙이로 인해 죽는다)하게 되겠다고 추리(推理)되는데? … 명심할 것은 그 집의 거주(居住)한 년 수를 물어서 답해야 된다.

4) **문 : 이 집에 거주한지 얼마 되었나요?**
   답 : 4대(4代:120년)째 살고 있다고 한다.

※ 가상(家相)에서 받는 성정(性情)

5) 거주 5년 이상이면 그 집의 성정(性情)이 100% 감응(感應)된다. 즉 비유해서 말하면 그 집에 푹 저졌다는 뜻이 된다. 그러니 길흉화복(吉凶禍福)을 모두 말할 수 있다는 말이다.

6) 거주 5년 이하이면 길흉화복추리에 50% 감소해서 말해야 될 것이다.

7) 예 : 이금치사이니 쇠붙이로 닫혔을 것이다 라고 추리하
   여야 그 길흉화복(吉凶禍福)에 정중 되는 것이다.

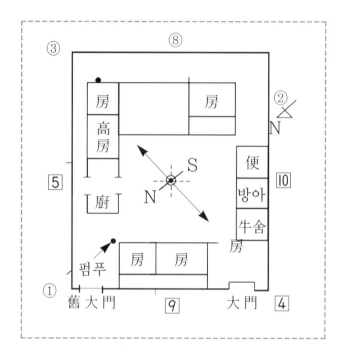

8) **문 : 이집 현 상태로는 장남이 사망괘(死亡卦)인데 어떠**
   한가요?

   답 : 장남이 작년 계축년(癸丑年)에 죽었다고 대답한다.

★ 추리방법(推理方法)

1) 이금치사(以金致死)의 년(年), 월(月), 일(日) 시(時)를 추리하는데 우선 월(月)을 추리 하자면 계축년(癸丑年)에 사망했다하니 축(丑)에 칠살(7殺)인 미월(未月) 즉 6월(月)에 사망한 것으로 해당한다.

2) 대문(大門)을 5년 전에 이동 설치하고(3 .8. 수리) 癸丑년 6월에 사망한 것으로 추리되고

3) 구 대문(舊大門)의 위치는 외정원(外庭園)이 ⑨번 방향(方向)에 있는 것으로 보아 ①번의 구 대문과 ③번 기두로 복가배치(福家配置)로 4대를 잘 살게 된 것으로 추리된다.

4) ①번 ③번은 순양(純陽)이라 부유하기는 하나 독자(獨子)가 추리 된다. = 4대를 독자로 살았다고 봐야 하겠네요.

답 : 주인 답: 3대 독자로 내려오다 이번 2자중(2子中) 또 장남이 같으니 또 독자(獨子)가 되었다고 한다.

★ 길흉 추리 공부

1) 구(鼓) 치간(厠間)이 내정원(內庭園)에 설치되면 기(氣)를 설기(泄氣)하고 유아(幼兒)에게 장해가 온다.

※ 같은 그림 연결로 보기

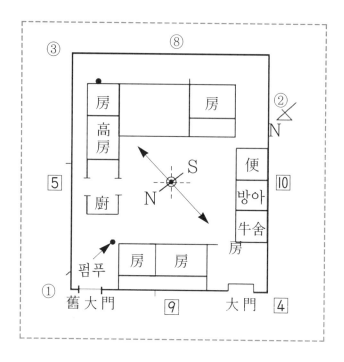

2) 구변소(鼓便所)는 흉방(凶方)에 설치하라.

※ 흉방은 어느 곳인가?
• 동사택(東舍宅) 구성에 서사택(西舍宅)이 흉방이 되고
• 서사택(西舍宅) 구성에는 동사택(東舍宅)이 흉방이다.

3) 창고(倉庫). 우사(牛舍). 방앗간. 헛간은 괘효(卦爻)가 약
   하게 추리하고 담장에 괘효가 있는 것은 화복추리에 해
   당이 없다.

4) 艮卦爻가 허(虛)하고 불배합(不配合)이면 자식 출산이
   불가하다.

5) 艮卦爻가 허해도 배합복가(配合福家)이면 독자(獨子)나
   아니면 2 子를 두게 된다.

6) 艮卦爻에 방(房)이 있으면 기두. 대문이 순양(純陽)이라
   도 5자(五子)를 둘 수 있는 것이 고서에 있는 말이다.

※ 艮방향은 생남괘(生男卦)로 간주한다.
   이 집은 자식(子息)을 둘 수 없다. 우선 흉가에 자식 보
   는 ⑤번 방향에 구식 주방이 양쪽으로 문이 트여 허한
   관계가 있고 두번째는 卯기두 동사택(東舍宅)에 아기 방
   호가 흉방(凶方)이 되었기 때문이다.

★ 복가 만들기
• 구 대문 자리로 대문을 옮기면 그전과 생활이 똑같아 지고
• ②번 방향으로 대문이 가면 부자가 되고 자식도 많이 둘
  수가 있다.

(1) 현대식 빌라. 연립식

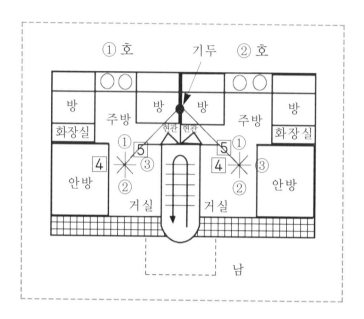

※ 현대식 빌라형 연립의 기두와 패철 위치

★ 기두 공식법

1) 현대식 연립 및 빌라는 1.2호가 연결식으로 되어 있다.

2) 계단의 공간은 차단된 것으로 간주되나 연결된 곳이 많아 그림과 같이 "기두" 했다.

260

★ 패철위치

1) ①호 ②호 집마다 중심점을 패철위치로 정한다.

※ 복가와 흉가의 구별
　현대식(現代式) "빌라" 연립(聯立)에 그림과 같이 ①호 ②호로서 구성(構成)된 것은 기두점(起頭点)과 대문(大門) 처가 가까워서 기두(起頭)와 대문 처(大門處)를 한 괘(卦)로 간주(看做)해야 한다.

2) 그림 ①호 집을 보면 "기두", "현관"이 ⑤번 방향에 해당하여 서사택 복가구성(西舍宅 福家構成)이 되었다.

3) 그림 ②호 집도 "기두" 현관이 한 곳에 위치하여 패철 ⑨번 방에 해당되어 또 서사택 복가구성이 되었다.
　아파트, 빌라 등은 내 집의 첫발을 들여놓는 현관이 대문(大門)에 해당한다.

4) 기두, 현관이 그림과 같이 한 방(호 1 方獄)에 위치되어 복가를 이룬 곳에는 특이한 발복(發福)이 속하게 이루어진다. 그러나 10년이 넘으면 발복(發福)이 희미해진다. 정상(正常)된 가상(家相)을 찾으라.

(2) 고급 빌라형

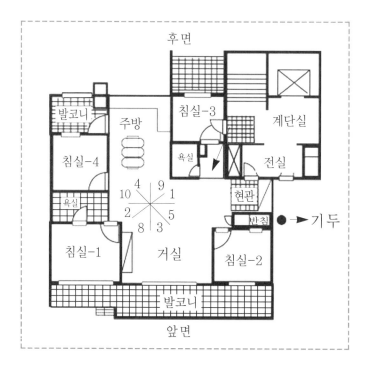

★ 현대 고급 작품화된 44평형 빌라형이다.

1) 외부구조 : 1, 2호만으로 연결된 고층 중앙에 계단과 엘
   리베이터 설치되었다.

2) 전면 : 거실 앞 발코니가 일직선으로 설치되어 길(吉)한
   격이다.

3) 후면 : 출입구 양편으로 3번식 굴곡(屈曲)된 것은 풍수
   이치(風水理致)로 불길(不吉)한 것이다.

★ 동.서 사택법(東西舍宅法)

1) 1, 2호로 연결(連結)된 위치에 기두(起頭)했다.

2) 패철(佩鐵)을 고정(固定)하고 보니 : ⑤번에 기두(起頭)
   와 대문(大門)이 해당되어 복가(福家) 판정이다.

3) 이해관계 : 양택법(陽宅法) 8방위 중 어느 방위이든 기
   두(起頭)와 문이 한곳 방위에 해당할 때 특이한 발복(發
   福)을 한다.

4) 예 : 속하고 명쾌한 특징이다. 그러나 오래 살면 해가 온
   다. 이 집은 ⑤번 서사택 소남토 이니 5.0이 되어 10년
   까지는 득을 본다.

5) 특이한일 : 고민하는 일이 길하게 풀린다.
   재판에 패소 할 것이 승소로 풀린다.

6) 단 한 냥에도 팔리지 않던 것이 1000냥에 팔린다. 등에
   특이한 발복이다.

(3) 고급 빌라형

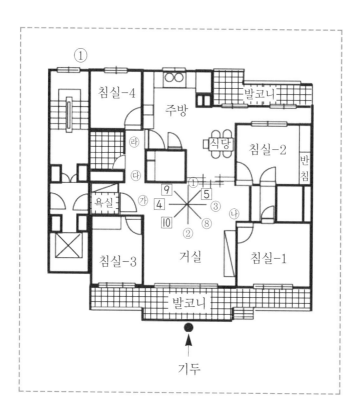

★ 현대식 빌라 56평형 고급형이다

1) 외부구조 : 정사각형 길(吉)한 가상(家相)이다.

2) 1, 2호가 연결되어 건물평면 "3:4"의 형이라 풍수(風水)
   이치의 기본형(基本形)에 맞는 것으로 보아야 한다.

3) 후면 : 중앙에 계단입구 양편으로 발코니에 작게 굴곡
   된 것이 불길하다.

4) 내부구조 : 풍수적으로 본다면 중앙에 거실 큰 평수를
   차지한 것 공기 순환(循環)에 吉하다. 또 내부 구조에 큰
   공간은 중앙에 있어야 한다는 것.

5) ㉮ ㉯ ㉰표시에 기억자로 모가 난 것 충살(沖殺)이라 하
   여 대단히 불길하다.

6) ㉱공간 내부구조(內部構造)에 좁은 공간(空間)을 만드는
   것 불길(不吉)하다.

7) ㉮ ㉯지점에 凹자 형으로 된 것 불길(不吉)하다. 공기조
   화에 장애가 된다.

8) 식당내 "다용도실"을 배치하여 주방공간에 균형이 깨졌
   다. 또 다용도실 각(角)이 나온 것을 충살(沖殺)이라 한다.

★ 동.서사택법(東.西舍宅法)

1) 기두(起頭) : 실내에서 남. 북으로 갈라서 보면 남쪽은
   거실 1호방 3호방으로 귀한 고방(高房:안방)이 연결되어
   왕(旺)한 곳이라 거실 앞을 기두(起頭) 했다.
   반면에 북쪽은 작은 공간으로 화장실, 주방 창고와 방도
   작은 평수로 구조되어 허(虛)한 방위가 된다.

★ 같은 그림 연결

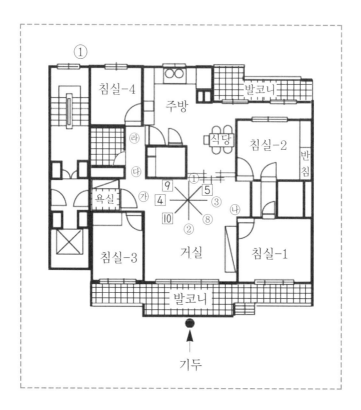

★ 동.서사택 길흉 분별 학문

1) 기두(起頭)는 ②번 동사택(東舍宅)에 해당하고 문(門)은
   ④번 방향(方向) 서사택(西舍宅)에 해당하여 공식(公式)
   으로 보면 흉가구성(凶家構成)이 되나?

2) 빌라, 아파트, 연립주택에 한하여 그림과 같이 남. 북으
   로 일직 방향이 정확(正確)할 때는 패철 8방위 동서사택
   (東西舍宅) 구분 이전에 극귀격(極貴格)으로 본다.

3) 북. 남과 동. 서 방향 … 즉 子. 午가 일직 된 것 卯. 酉
   가 일직 됨을 말한다.

4) 단 연결(連結)이 길게 된 곳에 한함.

(4) 고급 빌라

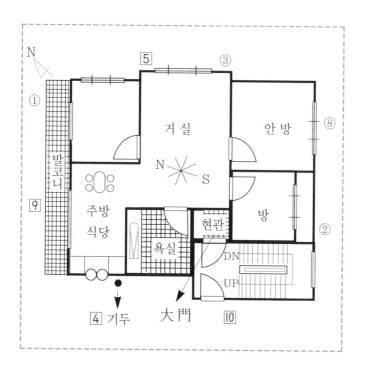

★ 중급빌라 4층 40평형이다.

1) 외부구조 : 굴곡(屈曲)없이 반듯하고 내부(內部)도 반듯
   하여 고급(高級) 빌라 액세서리화 한데 비하면 풍수적(風
   水的)으로 참으로 길한 가상(家相)이다.

2) 식당과 거실(居室)사이에 문(門)이 있으면 풍수이치로 길(吉)하다.
- 공기는 공간이 길면 산소 형성(酸素形成:O_2)이 안되고
- 식당의 냄새가 거실(居室)에 들어오면 산소(酸素)에 장해(障害)가 있다.(냄새로 산소가 결핍(缺乏)되어 간다.)

★ 동서사택의 길흉 보기

- 기두(起頭)는 양쪽집의 연결(連結) 된 곳 4번 방향에 "기두" 되었다.
- 대문 방향은 10번 방향이다.
- 4번과 10번 방향은 모두 서사택(西舍宅)에 해당(該當)되어 복가 구성(福家構成)이 되었다.

※ 길흉보기
1) 4번 10번이 모두 음(陰)에 속하며 이 집에 귀(貴)는 없고 부자가 되는 집이다.
2) 대문(大門)이 10번 방향 老母土의 괘상(卦象)이라 많은 돈이 느리게 들어와서 구두쇠 부자가 되는 격이다. 순음(純陰)집에 오래 살면 자식(子息)을 둘 수 없다.
3) 새로 집을 건축(建築)한다면 대문처(大門處)를 반드시 양(陽) 방향 괘(卦)로 하는 것이 길하다.

2. 계단식 아파트편

(1) 계단식 아파트 해설

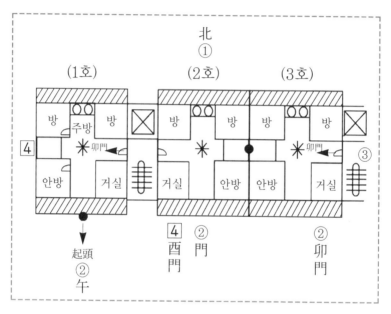

♠ 계단식 아파트의 기두법과 패철위치 공식법

★ 기두공식법

1) 1호 집은 연결된 곳이 계단과 엘리베이터가 있어 1호 2호 사이가 차단 된 것으로 간주(看做)하고 안방과 거실의 연결 발코니가 보호되어 왕 한 곳이라 그림과 같이 "기두" 했다.

• 2호 - 3호는 서로 연결되어 있는 곳에 기두(起頭)했다.
  패철위치는 각호 중심이다. 2-3호는 한 기두(起頭) 지
  점을 점고하여 기두(起頭)로 삼는다.

★ 길흉 해설

1) (1호집)···②번 午기두에 ③번 卯문으로 東舍宅 福家 구
   성이 되었다.
● 집은 ②번 陰이 되고 - 大門은 ③번 陽이 되어 음양 배
  합(配合)의 길한 사택이 구성 되었다.
● 大門이 陽이면 ··· 부귀겸전으로 속한 발복을 한다.
● 陽은···진급, 합격, 출마 등에 특이한 발복이 있고 사업
  에는 경영, 투자, 확장 등에 승승장구하는 것이다.
● 陰과 陽이 배합된 사택은 대를 물려서라도 점차로 家門
  의 發展이 더 커지는 것이다.
2) (2호)집 (3호)집은 모두 대문과 기두와 ③번 木과 ④번 金
   이 금극목(金克木)하여 오행(五行)에 가장 흉한 극이 된다.

★ 극귀격
문 : 좌향이(子午卯酉)의 향이 되면 극귀격(極貴格)은 공식이
어떻게 되는 것인가.
답 : 아파트에 30평 이상은 극귀격에 해당하고 30평 이하이
면 극귀격에 해당이 안 된다. 복가 흉가의 구별이 필요하다.

(2) 계단식 소형 아파트

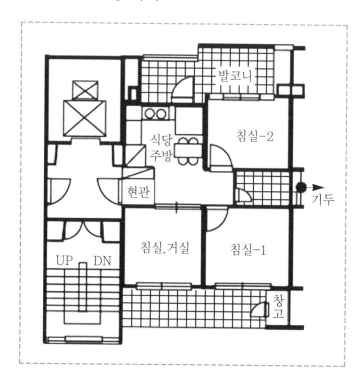

♠ 현대식 22평형 계단식 아파트이다

☆ **외형구조**

※ 3 : 4의 반듯한 4각형으로 길한 형이다.

※ 전. 후(前. 後)면이 발코니로 잘 구조되었다. 고급 빌라에
   비하여 전. 후면에 굴곡이 없는 것이 더욱 귀격(貴格)이다.

1) 전면 거실과 침실에 크기가 비슷하면서 앞으로 발코니를 대한 것이 길한 격이다.(발코니는 공기 멈춤에서 내부의 산소 형성(酸素形成)이 잘 되어 가내 건강(健康)을 도와준다.

2) 주방과 거실사이에 미닫이문을 한 것이 길하다.(주방에 공기가 거실 공기와 합유 되는 것이 불길하다.)

3) 1, 2방문 앞이 점선과 같이 凹한 곳이 생기지 않도록 구조되었더라면 풍수(風水)이치로 가장 좋은 구조가 되었을 것이다.

★ 동.서사택법(東.西舍宅法)

1) 계단식 아파트는 ㉮방향이 똑같은 구조가 연결되었고 반대쪽인 계단, 엘리베이터 쪽은 고층까지 공기가 소통되어 끊어진 것으로 보는 것이라 연결 중심점에 기두(起頭) 되었다.

90년도 고 박대통령 생가

3. 복도식 아파트 해설

(1) 복도식 아파트

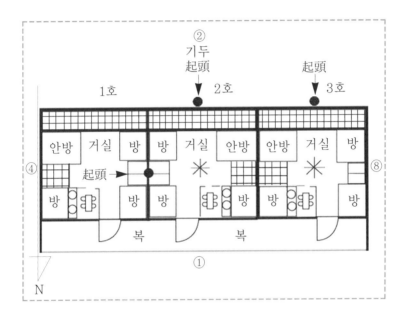

★ **복도식 아파트의 기두와 패철위치**

※ 1호 집은 마지막 끝 집이라 연결된 곳에 기두(起頭) 한
   다. 2호 집은 양쪽 집이 연결되어 그림과 같이 베란다
   중앙이 기두(起頭)가 된다.

※ 각호집 중심이 패철위치가 된다.